LEÇONS

D'HORTICULTURE.

On trouve à la même librairie :

Leçons élémentaires d'Agriculture, rédigées d'après les programmes officiels de l'enseignement primaire pour l'usage des écoles normales primaires, des écoles primaires supérieures et des écoles professionnelles, par M. A. Ysabeau, agronome : nouvelle édition ; 1 vol. in-12.

Cours de Législation usuelle et d'Économie industrielle et rurale, rédigé d'après le programme officiel pour l'usage des cours d'enseignement secondaire spécial et d'enseignement primaire supérieur, par M. A. Ysabeau ; 1 vol. in-12.

Leçons primaires d'Arpentage, comprenant la pratique de l'arpentage, le nivellement, la géodésie, le lever et le lavis des plans, par M. Gillet-Damitte, ancien instituteur : deuxième édition ; 1 vol. in-12, publié en trois parties, avec figures.

Cours d'Études commerciales, comprenant les principes de l'Arithmétique commerciale et de la Tenue des livres, par M. Th. Bertrand, professeur de comptabilité à Paris ; 3 vol. in-12, avec cahiers de registres.

Première Partie, Cours d'Arithmétique commerciale, présentant toutes les opérations pratiques usitées dans le commerce, avec des exercices et problèmes spéciaux, un tableau des monnaies étrangères, etc., par M. Th. Bertrand ; 1 vol. in-12, avec gravures.

Deuxième Partie, Cours de Tenue des livres en partie double et en partie simple, présentant les principes raisonnés de la comptabilité commerciale, la pratique ou la comptabilité simulée d'une maison de commerce, la comptabilité agricole, la législation commerciale, etc., par M. Th. Bertrand : troisième édition ; ouvrage approuvé pour les écoles publiques ; 1 vol. in-12.

Troisième Partie, Correspondance commerciale, Recueil de modèles de lettres de commerce, présentant des lettres se rapportant aux principaux actes des affaires commerciales, etc., par M. Th. Bertrand ; in-12.

Quatrième Partie, Registres pratiques de Tenue des livres et Feuilles de comptabilité, destinés à être mis entre les mains des élèves et à servir d'application au Cours de Tenue des livres, par M. Th. Bertrand ; petit in-folio.

LEÇONS
ÉLÉMENTAIRES
D'HORTICULTURE

Rédigées d'après les programmes officiels pour l'usage des écoles normales, des écoles primaires supérieures et des écoles professionnelles

PAR A. YSABEAU
AGRONOME.

QUATRIEME ÉDITION.

Ouvrage approuvé pour les écoles publiques.

PARIS.
IMPRIMERIE ET LIBRAIRIE CLASSIQUES
De JULES DELALAIN et FILS
RUE DES ÉCOLES, VIS-A-VIS DE LA SORBONNE.

M DCCC LXVII.

AVERTISSEMENT.

L'étude de l'horticulture dans les écoles primaires des communes rurales est le complément de l'enseignement primaire de l'agriculture. Elle est comprise dans la seconde moitié du programme d'études des écoles normales primaires. La pensée de propager cet enseignement sur toute l'étendue du territoire français est formulée avec précision dans ce programme; désormais, les élèves-maîtres sortis de ces écoles devront posséder, sur l'horticulture comme sur l'agriculture, des notions suffisamment étendues pour pouvoir les répandre avec fruit parmi les élèves confiés à leurs soins. C'est par là qu'on arrivera, dans un temps donné, à généraliser en France la pratique du jardinage, confiné quant à présent dans un petit nombre de localités voisines des grands centres de population.

L'influence exercée par le goût du jardinage sur les mœurs et le bien-être des populations rurales est manifeste partout où ce goût a pris place dans les habitudes locales. Il est une source de grande aisance dans bien des cantons qui, sans le jardinage, resteraient également pauvres et insalubres. On en voit un exemple frappant dans les *hortillons* des environs d'Amiens. Ce nom, dérivé du latin (*hortulani*), est porté par les jardins maraîchers d'Amiens et ceux qui les cultivent. Il y a là une population de 1,200 familles qui, depuis la conquête romaine, ont desséché et changé en jardins potagers de vastes marais formés par la Somme, et n'ont pas cessé de les cultiver de père en fils. Il y a quelques années, un magistrat rendait publiquement hommage à la moralité de cette population en affirmant qu'après de longues recherches dans les archives des tribunaux actuels et des anciens parlements, il n'avait pas rencontré une seule condamnation, soit au criminel, soit au correctionnel, prononcée depuis des siècles contre un hortillon. Le jardinier intelligent, assuré d'acquérir un degré satisfaisant pour lui d'aisance relative dans l'exercice d'une profession qui lui plaît et dont pour rien au monde il ne voudrait changer, a moins d'occasion que tout autre de céder aux mauvaises tentations; il est abrité contre le vice et la misère : le travail du jardinage est essentiellement moralisateur.

La population maraîchère des environs de Paris, renommée par son habileté sans égale, est également recommandable; ses travaux remontent à une origine aussi ancienne. Plusieurs familles de l'horticulture parisienne conservent précieusement des titres sur parchemin du treizième et du quatorzième siècle, par lesquels les *marais* des bords de la Seine leur sont concédés, à la condition de les cultiver en jardins pour l'approvisionnement de Paris : c'est la noblesse du travail. On retrouve chez ces familles le même amour de leur profession et la même sévérité de mœurs signalés chez les hortillons d'Amiens.

En présence de ces faits, on ne peut qu'applaudir à la pensée paternelle du gouvernement qui s'applique à étendre une branche de travail propre à rendre les hommes à la fois meilleurs et plus heureux.

La plus grande partie du programme officiel est consacrée, cela devait être, à la culture des plantes potagères et des arbres fruitiers; ces deux divisions du jardinage tiennent en conséquence la place principale dans nos *Leçons*. Les fleurs de pleine terre et quelques-unes des plantes médicinales, dont la culture peut être la plus avantageuse sans offrir aucun danger, trouvent aussi leur place dans ce volume. La culture des plantes d'ornement a d'ailleurs une utilité très-réelle, celle de détourner l'habitant des campagnes de la dissipation pendant ses rares instants de loisir, en lui offrant un genre de distraction conforme à sa situation, qu'il goûte chez lui, et auquel prennent part sa famille et ses voisins; de plus, l'échange d'une belle variété d'œillet, de rosier, de pensée, fait naître des relations amicales entre ces gens qui pouvaient être hostiles ou indifférents.

Dans une lettre devenue célèbre, retrouvée et publiée par M. Huerne de Pommeuse dans son traité des *Colonies agricoles,* Napoléon Ier écrivait à son ministre de l'intérieur : « Je veux que la France présente l'aspect d'un pays où toute la population travaille à *fertiliser* et *embellir* notre immense territoire. »

Fertiliser, c'est le fait de l'agriculture; *embellir,* c'est celui de l'horticulture. La pensée de Napoléon Ier est plus que jamais celle du gouvernement. L'auteur des *Leçons d'Horticulture,* amateur passionné de toutes les branches du jardinage, a mis tous ses soins à en exposer les procédés de manière à en rendre la pratique facile, sans négliger aucun des détails relatifs à l'ordre de notions indiqué dans le programme. Les instituteurs et leurs élèves y trouveront le résumé des connaissances pratiques acquises par un homme qui aime l'horticulture par-dessus toute autre occupation, et qui s'honore avant tout du titre de vieux jardinier.

PROGRAMMES D'ENSEIGNEMENT

DES ÉCOLES NORMALES PRIMAIRES.

(Arrêté du 31 juillet 1851.)

Les chiffres renvoient aux pages où la question est traitée.

DE L'HORTICULTURE.

Défonçage, 7; — labour, 6; — binage, 7.

Semis et repiquage, 8 et 9, 26 à 28. — Semis sur ados et sur couches, 34 à 35.

Arrosage, 9; — sarclage, 11.

Usage des brise-vents, 14; — des paillassons, 17; — des châssis, 15; — des cloches, 16.

Destruction des animaux nuisibles, 81 à 91.

Récolte, 59 à 62. — Conservation des graines, 62 à 66.

Culture et principales espèces potagères, 19 à 58.—Plantes médicinales, 75 à 81. — Fleurs, 67 à 74.

Notions sur la plantation, la culture, la greffe et la taille des arbres fruitiers, 92 à 135. — Conservation des fruits, 136 à 140.

LEÇONS

D'HORTICULTURE.

CHAPITRE PREMIER.

Notions préliminaires.

L'horticulture et l'agriculture se rattachent l'une à l'autre par des liens intimes : la partie la plus directement utile de l'horticulture partage avec l'agriculture la tâche de nourrir le genre humain ; toutes proportions gardées, l'abondance et le prix modéré des fruits et des légumes n'importent pas moins que l'abondance et le prix modéré du pain et de la viande au bien-être général.

Sous un autre point de vue, il appartient à l'horticulture de rendre à l'agriculture un genre particulier de services qui sont tout spécialement de son domaine. Lorsqu'une espèce nouvelle d'un végétal utile est proposée pour la grande culture, le laboureur, absorbé tout entier par des travaux d'un autre ordre, ne peut se livrer à des expériences pour s'assurer du degré de rusticité de la plante et des avantages que pourrait lui offrir son admission dans les assolements. Le jardinier peut, au contraire, tout à loisir, et sans se détourner de ses occupations habituelles, soumettre les plantes nouvelles à des essais persévérants ; il peut, et c'est l'une des plus intéressantes de ses attributions, obtenir, par les croisements hybrides, des espèces et variétés nouvelles de tous les végétaux utiles, expérimenter leurs propriétés et en livrer la graine au laboureur, qui sait alors d'avance à quoi s'en tenir sur leur mérite relatif.

C'est ainsi que peuvent et doivent s'entr'aider l'agriculteur et l'horticulteur, chargés l'un et l'autre de fertiliser et d'embellir les parties habitables du globe.

La production des fruits et celle des légumes constituent

à elles deux ce qu'on est convenu de nommer l'*horticulture utile,* bien que la production des plantes d'ornement ait bien aussi son utilité.

L'étude de l'horticulture utile, c'est-à-dire du jardinage proprement dit, comprend deux divisions principales, consacrées, l'une à la culture maraîchère, l'autre aux arbres fruitiers. La suppression des distances par la création de notre réseau de chemins de fer change complétement en France les conditions de prospérité et d'extension de ces deux branches du jardinage.

Certes, à toutes les époques et dans l'état économique de la France antérieur à l'existence des nouvelles voies rapides de communication, il a toujours été avantageux aux cultivateurs de soigner leur modeste jardin, et de produire pour la consommation locale de bons fruits et de bons légumes; mais aujourd'hui, ce n'est plus de la consommation locale qu'il s'agit, c'est de celle de toute la France, de toute l'Europe au besoin : car, de même que l'ancienne Touraine (Indre-et-Loire) a été surnommée le *jardin de la France,* notre beau et bon pays, par les facilités que présente à la pratique du jardinage utile son heureuse variété de sols, de climats et d'exposition, peut être regardé comme le jardin de l'Europe.

Considérons séparément les fruits. A part nos espèces à cidre, très-supérieures à celles des autres pays, qui viennent emprunter à nos pépinières des arbres d'élite pour le repeuplement de leurs vergers, nous expédions des cargaisons entières de poires et de pommes en Angleterre, en Suède, en Russie; doublez, triplez, décuplez la production, ces fruits trouveront toujours des acheteurs, et l'exportation n'amènera pas dans les prix, sur le marché intérieur, de hausse exagérée. Or, de tous les points de la France où la culture des arbres à fruits est possible et avantageuse, on peut dès à présent faire arriver les fruits en peu de temps et à peu de frais à la frontière pour l'exportation, ou sur le marché d'une grande ville pour la vente à l'intérieur. On comprend quelle source d'aisance serait pour les habitants des campagnes la production des meilleurs fruits, rendue générale par la vulgarisation des principes rationnels de la culture des arbres fruitiers.

Une révolution non moins favorable est en voie de réalisation dans la culture maraîchère : la production en grand des légumes les plus aisément transportables n'est plus localisée dans le voisinage des grands centres de population ; elle tend à prendre d'année en année une extension qu'il importe de favoriser, de généraliser, en propageant les bons principes trop peu répandus de la culture perfectionnée des plantes potagères.

La *culture maraîchère*, à laquelle est consacrée la première partie de cet ouvrage, est décrite d'abord dans ses principes généraux, ensuite dans ses applications à chaque genre de plantes potagères, en réunissant dans un même chapitre celles qui réclament à peu près les mêmes soins. La conservation des divers produits du potager est indiquée avec tous les détails que nécessite son importance. En France, comme dans toute l'Europe centrale, vers la fin de l'hiver, avant l'époque où les premiers légumes du printemps peuvent être livrés à la consommation, il y a plusieurs mois pendant lesquels les marchés des villes sont complétement dégarnis de légumes frais, au détriment de la santé de leurs habitants. En augmentant la production et en mettant en pratique les meilleurs procédés de conservation, il est également facile et avantageux pour le producteur de réserver une partie importante de la récolte de légumes d'arrière-saison pour approvisionner les marchés précisément pendant cette période de l'année où la rareté des légumes frais en élève le prix à un taux qui les place hors de la portée de la masse des consommateurs.

Les *arbres fruitiers*, objet de la seconde partie, sont considérés depuis leur point de départ, c'est-à-dire depuis le semis des pepins ou des noyaux, jusqu'au plus grand développement qu'ils puissent acquérir, jusqu'au rajeunissement des vieux arbres épuisés par une longue suite d'années de fécondité. Chaque espèce est envisagée à part, selon ses exigences et son mode particulier de végétation ; la *conduite* des arbres, c'est-à-dire la forme la plus avantageuse à leur donner pour en obtenir des fruits à la fois abondants et de bonne qualité, est indiquée conjointement avec la taille et les soins de culture. On n'a pas cru devoir omettre les notions qui concernent les arbustes à fruits comestibles, groseillier, framboisier, noisetier, dont les produits, dans le voisinage des villes, ont aussi leur importance.

La culture de quelques *plantes médicinales*, d'un usage inoffensif dans la médecine domestique et d'un placement assuré chez les herboristes des grandes villes, ainsi que celle d'un certain nombre de *plantes d'ornement*, les unes annuelles, les autres vivaces, se rattache intimement à la culture maraîchère; elle est à la portée de tous les habitants des campagnes. Dans tout le nord de la France, chaque canton possède sa société d'amateurs d'œillets, de pensées, d'auricules, de renoncules et d'autres fleurs d'élite, parmi celles dont la culture n'exige que peu de dépense de temps et d'argent : là, le cultivateur reporte dans la culture de ses champs de céréales ou de plantes industrielles les habitudes de soin et de sollicitude qu'il a contractées en cherchant à surpasser ses rivaux dans la culture des fleurs; la part de ses moments de loisir qu'il leur consacre est mieux employée au jardin qu'elle ne le serait au cabaret; l'échange d'une fleur fait naître des relations amicales entre des gens qui, sans cela, pourraient être l'un envers l'autre hostiles ou indifférents; la famille, les voisins, s'associent, en y prenant intérêt, aux plaisirs de l'amateur de fleurs qui se complaît dans son jardin, et s'attachent ainsi de plus en plus à la vie champêtre. De quelque point de vue que cette partie du jardinage soit envisagée, il n'en ressort que de l'utilité pour les populations rurales.

Il n'y a pas en France de situation, si défavorable qu'elle soit quant au sol et à l'exposition, où le jardinage ne soit possible et profitable, pourvu que l'emplacement ne soit pas à une trop grande distance d'un lieu habité. La nature du terrain en lui-même, s'il est suffisamment pénétrable, est à peu près indifférente. Le proverbe vulgaire dit qu'il faut sept ans pour *faire* un bon marais. En effet, le jardinier qui pratique avec intelligence les opérations du jardinage dans un potager finit par modifier tellement la terre, que c'est comme s'il l'avait faite de toutes pièces. L'application des engrais au jardin potager n'a rien de commun avec les fumures données aux terres arables dans la grande culture. Le fermier obtient sur une seule fumure trois et quelquefois quatre récoltes; le jardinier renouvelle la fumure au moins une fois tous les ans; il lui faut en outre du terreau en grande quantité pour les semis et la culture des plantes plus ou moins délicates, et de la litière pour *pailler* le terrain occupé par ses cultures, sans quoi la surface du sol serait battue et durcie par les arrosages, au détriment de la végétation. Quand l'élément calcaire domine dans le sol du potager, le fumier des bêtes bovines lui convient mieux que celui des autres bestiaux; quand la terre est plus argileuse que calcaire, le fumier des chevaux et celui des bêtes à laine doivent être préférés.

Il est souvent assez difficile à ceux qui ne sont pas jardiniers de profession, et qui n'ont pas tous les ans de vieilles couches à démonter, de se procurer la quantité de terreau assez considérable dont l'emploi est indispensable dans la culture maraîchère; ils peuvent y suppléer d'une manière très-économique en stratifiant par lits alternatifs avec un peu de bonne terre de jardin les mauvaises herbes des sarclages et les débris de toute sorte provenant de l'*habillage* des légumes, c'est-à-dire de l'espèce de toilette qu'on leur fait subir avant de les porter au marché. Le *compost* de terre et de végétaux décomposés contracte en quelques mois toutes les propriétés du terreau, et peut être employé aux mêmes usages. Ce genre de terreau est particulièrement favorable à la végétation des choux, choux-fleurs, brocolis, navets, et à toutes les plantes potagères de la famille des *crucifères*.

PREMIÈRE PARTIE. CULTURE MARAICHÈRE.

CHAPITRE II.

Opérations du jardinage.

Jardin potager. — *Labours.* — Jauge. — *Défoncements.* — Emploi du pic. — Façons superficielles. — *Binages.* — *Semis.* — Semis en place, en pépinière. — *Repiquages.* — Transplantations. — Ados. — Costière. — *Arrosages.* — Arrosoir à côtés plats. — Pompe portative; bassinages. — Pompe fixe; à manége. — Tonneaux enterrés; leur espacement. — Bassins au ciment romain; leurs avantages. — *Sarclages.*

Les principales opérations du jardinage sont les *labours*, les *défoncements*, les *binages*, les *semis*, les *repiquages*, les *arrosages* et les *sarclages*. Dans la pratique, il faut apporter à toutes ces opérations une attention égale; la négligence dans l'exécution d'une seule d'entre elles compromet le succès de toutes les autres.

Labours. Ils se donnent en général à la profondeur d'un fer de bêche, et sont renouvelés chaque fois qu'une culture succède à une autre. Le terrain du potager étant divisé en plates-bandes ou *planches*, on commence toujours par ouvrir une fosse au bout de la planche par lequel on entame le labour. Il peut arriver qu'il n'y ait, à un moment donné, qu'une seule planche à labourer : dans ce cas, la terre extraite de la fosse, que les jardiniers parisiens nomment *jauge*, est portée sur une brouette à l'extrémité opposée; elle sert à combler la jauge quand l'ouvrier, qui travaille à reculons, arrive au bout de la planche. S'il en laboure deux ou plusieurs à la fois, ce qui a lieu le plus souvent, il dépose la terre de la jauge sur la planche la plus voisine de celle dont il commence le labour. Parvenu au bout, il prend sur la planche voisine la terre nécessaire pour combler la jauge, ce qui en ouvre naturellement une sur cette seconde planche, qu'il laboure en sens inverse de la première, ayant à l'autre bout de quoi combler sa jauge, et ainsi des autres. Les dimensions ordinaires de la jauge sont 25 à 30 centimètres de profondeur sur 30 à 35 de large. Quand le labour a pour but d'enfouir une fumure, le jardinier doit avoir soin de répartir également l'engrais le long de la jauge et de l'enterrer régulièrement entre deux terres, à une profondeur telle que les racines des plantes cultivées puissent en profiter complétement : tout ce qui serait trop profondément enfoui serait perdu pour la végétation. Dans un terrain de résistance moyenne, un ouvrier robuste peut, sans s'excéder de fatigue, labourer, dans une journée de 8 heures, quatre ares de superficie ; dans les terres pesantes et résistantes, il ne peut pas labourer avec le soin nécessaire au delà de trois ares dans le même temps.

Défoncements. Lorsqu'on établit un potager pour la première fois dans un terrain précédemment livré à d'autres cultures, il est indispensable de le défoncer. Le défoncement n'est autre chose qu'un labour à la bêche tel que celui qui vient d'être décrit, mais dont la jauge peut avoir de 60 à 80 centimètres de profondeur. Pendant le défoncement, l'ouvrier réserve la bonne terre de la surface sans la mêler avec le sous-sol et sans ramener celui-ci au-dessus; il faut seulement que la couche inférieure soit parfaitement ameublie et débarrassée des grosses pierres ainsi que des vieilles racines ou des morceaux de bois pourri qui peuvent s'y rencontrer. Ces substances végétales, en achevant de se décomposer, se couvrent de champignons souterrains qui souvent envahissent les racines des plantes cultivées et les font périr. Outre sa bêche, le jardinier qui opère un défoncement doit être muni d'une pioche du genre de celle que les terrassiers nomment *pic*, pour entamer les parties de terrain trop dures et pour arracher les grosses pierres.

En dehors des labours proprement dits et des défoncements, le sol du jardin potager reçoit de fréquentes façons superficielles, qui se donnent soit avec divers genres de houe, soit avec la fourche de fer à trois dents.

Binages. On entend sous ce nom, en jardinage, des façons superficielles données, à l'aide de l'instrument nommé *binette,* aux planches occupées par une culture plus ou moins avancée, en tournant autour de ces plantes, sans les déranger. La binette est formée d'une lame de serfouette tranchante, d'un côté, et de deux dents légèrement courbées, de l'autre ; son fer est emmanché par une douille dans un manche assez long pour que l'ouvrier puisse s'en servir sans se baisser. Si l'on donne un binage à une planche du potager plus ou moins envahie par la mauvaise herbe, le binage nettoie le sol et produit du même coup l'effet d'un *sarclage.*

Semis. Toutes les graines de plantes potagères se sèment à la main, soit en lignes, soit à la volée. Dans le premier cas, on a dû tracer préalablement sur la surface des planches, à l'aide du cordeau et de la binette, des raies d'une profondeur variable selon le volume des graines à semer; la graine est ensuite répandue le plus également possible dans ces lignes. Ce mode de semis est préférable à tout autre pour toutes les cultures qui doivent être ultérieurement binées à plusieurs reprises ; les plantes levées en lignes reçoivent plus aisément les binages et en profitent plus complétement. On ne peut indiquer d'époque déterminée pour les semis, qui se font pour la plupart au printemps et peuvent être renouvelés pendant toute la belle saison. Lorsqu'on sème à la volée, la surface des planches doit d'abord avoir été parfaitement pulvérisée et égalisée au râteau ; on passe de nouveau le râteau pour mêler les graines à la terre. Souvent, pour raffermir le sol des planches ensemencées, on les *plombe*, selon l'expression reçue, en les frappant avec le dos de la bêche. Dans le nord de la France, on suit, à cet égard, le procédé des jardiniers belges, qui marchent sur leurs semis en posant leurs pieds sur deux planches plates, carrées, de 40 centimètres de côté ; une corde passée dans deux trous percés à travers l'épaisseur de chaque planche est tenue à la main par l'ouvrier, qui modère ainsi à volonté le degré de pression exercée sur le sol. On peut ainsi plomber les planches ensemencées, d'une façon régulière et très-expéditive.

Les semis, soit en lignes, soit à la volée, se font en *place,* quand le plant ne doit pas être transplanté, et en *pépinière,* quand il doit changer de place une ou plusieurs fois avant d'occuper à demeure celle où il achèvera d'accomplir toute sa croissance. La plus grande égalité possible dans la distribution de la graine sur la surface ensemencée est particulièrement nécessaire pour les semis en place; il suffit, pour les semis en pépinière, que les plants soient assez espacés pour ne pas se gêner réciproquement pendant le temps assez court qu'ils passent à la place où la graine a levé. Plus les graines sont grosses, plus elles doivent être profondément enterrées; les plus menues sont déposées à la surface du sol et recouvertes d'un peu de terreau tamisé par-dessus.

Repiquages. On confond souvent, dans le langage ordinaire, les mots *repiquage* et *transplantation*, bien que leur sens ne soit pas exactement le même. Le repiquage, à proprement parler, est une transplantation provisoire et temporaire qui précède la mise en place du plant dans sa situation définitive, laquelle porte particulièrement le nom de *transplantation*. On repique le plant de diverses plantes potagères pour accélérer l'époque de la floraison ou de la fructification; le plant repiqué devient trapu et acquiert en peu de temps une disposition remarquable à accomplir rapidement les phases de sa végétation. Souvent, pour que ce résultat soit obtenu, il ne suffit pas d'un seul repiquage. Le plant de choux-fleurs, par exemple, repiqué très-jeune une première fois, doit l'être une seconde et même une troisième, afin qu'étant parvenu au degré de développement qu'il doit avoir pour sa transplantation définitive, il soit disposé à former promptement sa pomme. Le plus souvent, pour les repiquages, on façonne les planches en *ados*, c'est-à-dire qu'on ramène la terre en arrière, pour donner à la planche, dans le sens de sa largeur, une pente sensible en avant. Habituellement les ados sont établis sur des planches dirigées de l'est à l'ouest, autant que le permet la configuration du terrain; de cette manière, la pente de l'ados se trouve inclinée vers le sud. L'ados prend le nom de *costière* lorsqu'il est placé soit au pied d'un mur à bonne exposition, soit assez près du mur pour profiter de l'abri qu'il en peut recevoir. L'emploi des ados ou des costières pour les repiquages rend cette opération plus efficace pour hâter le développement du plant repiqué.

Arrosages. Il n'y a pas de jardinage possible sans arrosages continuels et très-abondants. Les maraîchers parisiens, sans rivaux dans la pratique de la culture du jardinage, ne disent jamais *arroser;* ils disent *mouiller,* ce qui, pour eux, signifie qu'il faut donner à boire à la terre tant qu'elle a soif. Un peu d'eau donnée à une terre desséchée s'évapore en peu de temps: les plantes cultivées souffrent d'un pareil arrosage plus qu'elles n'en profitent. Partout où l'eau manque, il vaut encore mieux biner fréquemment la surface pour donner accès à la rosée des nuits, et ne pas arroser du tout que d'arroser trop peu. Le meilleur modèle d'arrosoir, actuellement d'un usage général en France, c'est l'arrosoir à côtés plats, d'une contenance de 12 à 14 litres; il s'est substitué à peu près partout à l'ancien arrosoir à ventre renflé, qui forçait l'ouvrier à écarter ses bras en le portant, ce qui lui imposait un surcroît de fatigue inutile.

Dans les jardins de peu d'étendue, les plantes potagères qui n'ont pas besoin d'être arrosées au pied l'une après l'autre s'arrosent très-bien et très-vite au moyen d'une pompe lançante portative (*fig.* 1). La même pompe sert à asperger, pendant les fortes chaleurs accompagnées de sécheresses prolongées, la surface des arbres fruitiers en espalier, spécialement celle des pêchers, auxquels ce genre d'arrosage, nommé par les jardiniers *bassinage*, est extrêmement profitable. Toutes les fois qu'il est utile de mouiller les plantes en même temps que la terre qui les porte, on se sert de l'arrosoir avec sa gerbe percée de trous plus ou moins fins, ou de la pompe portative pourvue d'une gerbe semblable. S'il s'agit seulement de donner à boire aux racines sans mouiller les plantes elles-mêmes, on verse l'eau au pied de chaque plante avec le goulot de l'arrosoir dont on a enlevé la gerbe.

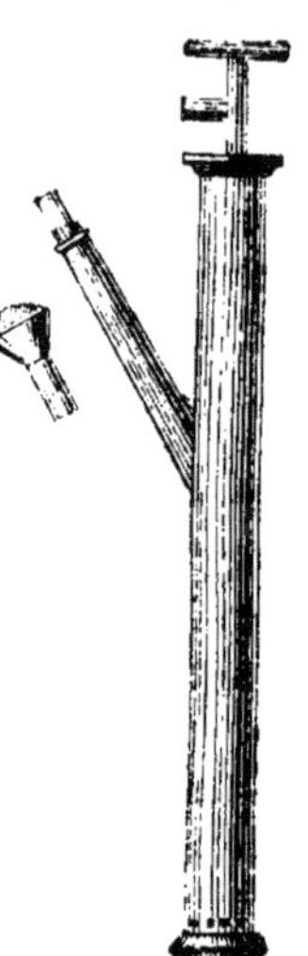
Fig. 1. Pompe portative.

Dans le midi de la France, où le jardinage n'est possible qu'à force d'eau, l'usage de l'arrosoir est à peine connu; tous les arrosages se donnent par imbibition. L'eau est introduite par la partie la plus haute du terrain nivelé en pente uniforme; elle court habituellement dans de simples rigoles découvertes, construites en briques, afin d'éviter la perte par absorption durant le trajet de son point de départ jusqu'au point où elle doit être utilisée. Chaque planche est entourée d'un rebord de terre qui empêche l'eau d'en sortir jusqu'à ce que le sol en soit suffisamment imbibé.

Sous le climat de Paris et de toute la France centrale, l'eau destinée à l'arrosage des jardins est tenue en réserve dans des tonneaux enterrés presque à fleur de terre et distribués de distance en distance dans le potager. A Paris, chez les maraîchers de profession, on emploie généralement une pompe à trois corps, agissant par un manége qu'un cheval fait fonctionner. L'eau puisée par cette pompe arrive par des conduits souterrains en terre cuite ou en fonte de fer dans des tonneaux d'une contenance d'environ 5 hectolitres chacun, cerclés en fer, distribués aux angles des carrés dans la proportion de 40 pour une surface d'un hectare. Ceux qu'on peut se procurer chez les négociants en huile sont les meilleurs et les plus durables pour cette destination.

Depuis quelques années, on a commencé à substituer aux tonneaux enterrés des bassins circulaires, profonds, construits en briques sur champ empâtées dans du ciment romain. Ces bassins coûtent un peu plus que les tonneaux, mais ils durent beaucoup plus, parce qu'ils ne sont pas détériorés dans les hivers rudes par les alternatives de gelées et de dégels.

Sarclages. Cette opération, qui consiste dans l'arrachage des mauvaises herbes mêlées au plant dans les diverses cultures, exige beaucoup d'attention pour ne pas enlever de bonnes plantes avec les mauvaises, lorsque les unes et les autres sont encore très-petites, et pour ne pas laisser subsister dans les cultures les plantes nuisibles qui ressemblent plus ou moins aux plantes cultivées. On ne saurait apporter trop de soin à apprendre aux femmes, ordinairement chargées des sarclages dans les potagers, à bien distinguer les mauvaises plantes des bonnes; c'est ainsi notamment qu'en sarclant des semis de persil et de cerfeuil, il ne faut y laisser subsister aucun pied de petite ciguë, plante très-dangereuse, qui agit même à faible dose comme un poison violent, et dont la ressemblance avec le persil et le cerfeuil est assez grande pour qu'on puisse la confondre avec ces plantes, bien qu'un peu d'attention et d'habitude suffise pour reconnaître aisément la petite ciguë. C'est pendant les sarclages que doit être éclairci le plant qui a levé trop épais. Quand une plante doit être sarclée à plusieurs reprises, il est utile de la semer sur une planche assez étroite pour que le sarclage puisse être donné par une femme à genoux dans le sentier de service, sans fouler la planche ensemencée.

CHAPITRE III.

Instruments de labour et emploi du matériel.

Instruments de labour. — Bêche commune; bêche flamande; leur emploi dans divers terrains. — Pic; sa forme; son usage. — Houe commune; triangulaire; à deux dents. — Bêchard. — Râteau à dents pointues; à dents émoussées. — Binettes. — Fourches. — *Matériel.* — Entonnoirs pour les semis. — Plantoirs à crosse; ferrés; leur utilité. — Abris. — Châssis vitrés; châssis économiques; leur construction. — Panneaux. — Cloches de verre; cloches économiques; leur construction. — Paillassons; leur fabrication. — Cordeaux. — Brouettes. — Civières. — Hottes. — Paniers.

Bêches, pic. Les labours soignés à la bêche sont si fréquemment répétés dans la culture maraîchère, que le jardinier doit apporter un soin tout spécial dans le choix de ses instruments de labour; c'est, quant au succès de ses opérations, la partie la plus importante de son matériel. Pour les labours ordinaires dans une bonne terre *franche de jardin*, la *bêche commune* à fer plat, presque carré, à tranchant parfaitement droit, est la meilleure de toutes. Le manche doit être d'une longueur proportionnée à la taille de celui qui s'en sert; la partie supérieure du fer doit présenter, à droite et à gauche de la douille dans laquelle entre le manche, assez de largeur pour que, s'il attaque une terre lourde, plus ou moins résistante, l'ouvrier puisse appuyer au besoin sur le bord son pied chaussé d'un sabot. Quand la terre du jardin est sujette à se durcir par la sécheresse, et qu'elle est d'ailleurs plus ou moins pierreuse, comme le sont les *boulbènes* de nos départements méridionaux, on doit adopter une bêche au fer plus étroit en bas qu'en haut, et dont la partie tranchante, au lieu de présenter une ligne exactement droite, forme une courbe peu prononcée, avec des angles renforcés aux deux extrémités, pour faciliter le travail. Si le sol du jardin est une terre douce d'alluvion, plutôt légère que forte, la meilleure bêche à employer est la *bêche flamande,* au fer beaucoup plus long que large, légèrement courbé de haut en bas. Par cette disposition, la terre prise par le coup de bêche ne peut pas glisser sur la lame et retomber dans la jauge sans avoir été retournée, ce qui arrive assez souvent lorsqu'on laboure avec une bêche sans courbure une terre de jardin bonne sous d'autres rapports, mais excessivement légère. Le *pic,* armé d'une longue et forte pointe d'un côté, et d'un long fer épais, tranchant à son extrémité, de l'autre, est souvent utile pour les défoncements[1]. Sa forme doit être exactement celle du même instrument employé par les paveurs.

Houe, bêchard, râteaux. En dehors des labours proprement dits et des défoncements, le jardin a souvent besoin de façons superficielles qui se donnent avec des houes de différentes formes. Ces instruments varient selon la nature du sol dans lequel ils doivent agir ; les plus usités sont : la *houe commune,* à lame carrée un peu courbée en dedans, à manche court ; la houe à lame pointue triangulaire, très-utile dans les terrains durs et pierreux, et la houe à deux dents plates, fort usitée dans tout le midi de la France sous le nom de *bêchard.* Les *râteaux* à l'usage du jardinier sont de deux sortes : les uns à dents fortes et pointues, un peu courbées en dedans ; les autres à dents cylindriques, à pointe émoussée. Le jardinier doit en avoir de plusieurs dimensions ; leur usage dans le potager est l'équivalent de l'emploi de la herse dans la grande culture. Le râteau pesant divise et égalise la surface des planches labourées ; le râteau léger enterre les graines fines en les mêlant à la couche superficielle bien ameublie. Il faut en outre au jardinier maraîcher des *binettes* de deux ou trois grandeurs différentes et des *fourches* à dents de fer, les unes droites, les autres courbes, soit pour travailler les fumiers, soit pour

1. Voyez *Opérations du jardinage,* ch. II.

égaliser le sol après l'arrachage d'une récolte de pommes de terre ou d'autres légumes-racines.

Entonnoirs pour semis. Les semis, qui se font tous à la main, soit en lignes, soit à la volée, ne réclament d'autre matériel que quelques entonnoirs de différentes grandeurs, soit en fer-blanc, soit en verre; ceux de verre sont les meilleurs. Pour semer en ligne les graines fines et luisantes, celles d'oseille par exemple, on en remplit à moitié la capacité de l'entonnoir, on ferme avec un doigt l'ouverture du goulot, de manière à ne laisser tomber les graines que peu à peu : elles sont ainsi répandues le plus également possible dans les raies.

Plantoirs. Des plantoirs de différents diamètres sont nécessaires pour les repiquages et les transplantations; les plus gros doivent être munis d'une crosse ou poignée, qui en rend l'emploi plus commode. Beaucoup de jardiniers font garnir le bas de leurs plantoirs d'une bande de fer, pour les rendre plus durables et d'un usage moins fatigant; le fer ne tarde pas à prendre un poli parfait, de sorte que le plantoir pénètre sans effort dans le sol. Il importe beaucoup au jardinier maraîcher d'être muni d'un assortiment de bons plantoirs, afin que les trous ouverts pour le repiquage ou la transplantation ne se referment pas en partie avant la mise en place du plant : dans ce cas, les racines se replient sur elles-mêmes, au grand détriment de la végétation ultérieure de la plante.

Abris, châssis, panneaux. Les abris de différente nature constituent une des parties les plus importantes du matériel de la culture maraîchère; les plus nécessaires sont les châssis vitrés, les cloches et les paillassons, particulièrement applicables à la *culture forcée.* Cette division du jardinage a spécialement pour but de *forcer* les plantes potagères à croître et à donner leurs produits en dehors des époques assignées par la nature à leur végétation naturelle sous notre climat. Il ne peut être ici question de la culture forcée des primeurs, culture encore fort étendue près des grandes villes de nos départements du centre et du nord, mais qui perd de jour en jour de son importance par la facilité des communications qu'offrent les chemins de fer entre le nord et le midi de la France. Néanmoins, il n'y a, pour ainsi dire, pas de culture maraîchère possible sans le secours de la culture forcée à divers degrés. Si l'on s'en tient aux plantes indigènes, on n'a dans le potager que le navet et le chou, légumes gaulois; les autres plantes potagères, toutes empruntées à des climats plus chauds que le nôtre, doivent accomplir le cours entier de leur végétation et donner leurs produits utiles dans l'intervalle compris entre le moment où il ne gèle plus et celui où il ne gèle pas encore. Cet intervalle, beaucoup trop court sous le climat de Paris pour obtenir la plupart des meilleurs produits du potager, rend indispensable l'emploi des abris pour devancer plus ou moins l'époque naturelle de l'entrée en végétation de diverses plantes, et les faire ainsi profiter le plus complétement possible de la belle saison.

Les châssis pour la culture forcée, tels que les emploient les jardiniers maraîchers de profession, sont supportés par un cadre en bois assez bas à sa partie antérieure, plus élevé à sa partie postérieure. Chaque châssis, recouvert de carreaux de vitre disposés l'un sur l'autre comme les ardoises d'un toit, est long de $1^m,30$ et large de 1^m. Trois châssis semblables, avec le cadre qui les supporte, composent ce qu'on nomme un *panneau*. Dans la grande culture maraîchère, on se sert depuis quelques années de coffres et de châssis en tôle, d'un prix assez élevé, mais d'une durée pour ainsi dire indéfinie. En dehors des conditions de cette culture, le jardinier maraîcher n'a besoin que d'un ou deux panneaux pour élever le plant des végétaux sensibles au froid, afin que leur croissance se trouve déjà suffisamment avancée quand vient le moment où l'état de la température extérieure permet de les mettre en place à l'air libre.

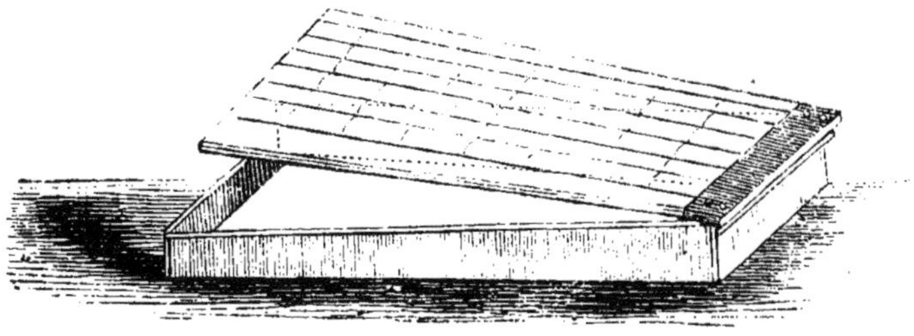

Fig. 2. Châssis vitré.

La figure 2 représente la formé de châssis vitré la plus usitée, ainsi que celle du cadre en bois qui le supporte. Une crémaillère de bois permet d'entr'ouvrir le panneau pour laisser à volonté pénétrer l'air extérieur sous le châssis.

Dans les petits jardins, on peut sur une costière au plein midi remplacer le châssis par un fossé de $0^m,50$ de profondeur dont on rejette la terre en talus à droite et à gauche. On pose au-dessus de cette fosse une vieille fenêtre ou la partie supérieure d'une vieille porte vitrée; sous cet abri peu coûteux, on peut préparer longtemps avant les premiers beaux jours le plant de melons, de tomates, de choux-fleurs, et de toutes les plantes potagères plus ou moins sensibles au froid. Dans les jardins un peu plus étendus dont le propriétaire ne peut pas faire de frais considérables en matériel, on obtient le même résultat avec un genre de châssis encore plus économique. Sur une fosse creusée comme ci-dessus dans une costière bien exposée, on place de simples cadres de lattes de sapin scié, réunies par des traverses semblables assemblées par des pointes de Paris; on couvre ces cadres, non de carreaux de vitre, mais de calicot grossier ou de gros papier, enduits l'un et l'autre d'huile de lin siccative, telle que l'emploient les peintres pour délayer leurs couleurs. Tout cela dure plusieurs années et peut être entretenu ou renouvelé à très-peu de frais, tout en rendant à peu de chose près le même ordre de services qu'on obtient des châssis vitrés posés sur leurs coffres de bois ou de tôle.

Cloches de verre. Les grandes cloches de verre, indépendamment des châssis, sont utiles pour abriter le plant repiqué de trop bonne heure pour pouvoir rester impunément à l'air libre, ou comme moyen de concentrer la chaleur sur les melons, dans le but de hâter leur maturité. A défaut de cloches de verre, on prépare des cloches très-économiques par le procédé suivant. Trois baguettes d'osier ou de coudrier, longues de $1^m,30$ à $1^m,50$, sont superposées et percées au milieu de leur longueur par un fil de fer replié à ses deux bouts pour le rendre fixe; les baguettes sont espacées entre elles aussi également que possible, de manière à représenter une étoile à 6 rayons. Un lien de fil de fer fixé à chacun de ces rayons, à un décimètre au-dessus de leur extrémité, les rattache les uns aux autres en les courbant : c'est la charpente de la cloche. Sur cette charpente, on colle des demi-fuseaux de papier ou de calicot huilé, comme pour couvrir les châssis. On peut employer ce genre de cloches à très-bon marché aux mêmes usages que les cloches de verre [1].

Paillassons. Les paillassons, employés en très-grande quantité par la culture maraîchère, ne sont chers que lorsqu'il faut les acheter à prix d'argent; ils reviennent à très-bas prix quand le jardinier, aidé de sa femme et de ses enfants, pour qui ce travail n'est qu'un jeu, fabrique lui-même les paillassons dont il a besoin. Accrochés à des piquets alignés de l'est à l'ouest, les paillassons forment un excellent abri temporaire faisant d'un côté face au sud, et pouvant remplir à l'égard des plantes potagères qui ont besoin de chaleur les fonctions d'un espalier bien exposé. Le procédé le plus simple pour fabriquer les paillassons n'exige d'autre attirail qu'une grande planche large d'un mètre; le dessus d'une table de cuisine, ou bien une porte enlevée de ses gonds, remplit très-bien cette destination. On plante à chacun de ses bouts deux clous à crochet placés en ligne horizontale à $0^m,40$ l'un de l'autre; ils servent à tendre fortement deux ficelles de moyenne grosseur par-dessus la paille dont doit être formé le paillasson. Cette paille est étendue préalablement sur la planche en couche aussi égale que possible. A cet effet, on prend dans une botte de paille de seigle, la meilleure de toutes pour cet usage, des poignées qu'on pose alternativement avec les épis tantôt à droite, tantôt à gauche : sans cette précaution, le paillasson se trouverait en fin de compte beaucoup plus épais sur l'un de ses bords que sur l'autre. Ces dispositions prises, on charge de ficelle une navette formée d'un morceau de bois plat échancré aux deux bouts. A l'aide de cette navette, on rattache par des nœuds successifs la couche de paille aux deux ficelles tendues; il ne reste plus qu'à rogner avec une paire de gros ciseaux les épis qui dépassent de chaque côté les bords du paillasson. A mesure que celui-ci est terminé à la longueur de la planche, on roule la partie achevée et l'on couvre la planche avec de nouvelle paille, ce qui permet de

1. Voyez *Melons*, ch. VII.

donner au paillasson une longueur indéterminée, sur une largeur moyenne de $1^m,20$. Lorsqu'on veut donner aux paillassons plus de solidité et de durée, on place à égale distance, dans le sens de la longueur, trois ficelles tendues au lieu de deux, le procédé de fabrication restant exactement le même que ci-dessus.

Quelques plantes délicates, qui souffrent toujours plus ou moins au moment de leur mise en place, telles que les cornichons, les concombres et les courges de toute espèce, ont besoin d'un abri passager. Lorsque leurs dimensions ne sont pas trop fortes, on pose tout simplement par-dessus un pot à fleurs renversé qu'on laisse pendant les heures les plus chaudes de la journée, et qu'on retire le soir : au bout d'un jour ou deux, les plantes ayant repris racine dans leur nouvelle position, grâce à des arrosages abondants, n'ont plus besoin de ce genre d'abri.

Cordeaux, brouettes, etc. Outre les objets qu'on vient de passer en revue, il faut encore, pour le service du jardin maraîcher, un ou deux *cordeaux*, fixés aux deux bouts à deux piquets de la même forme que les plantoirs; une *brouette*, des *civières*, pour le transport à bras du fumier et du terreau; des *hottes* et des *paniers* pour l'enlèvement des produits, et, comme on l'a vu précédemment, des arrosoirs et une pompe portative[1]. En adoptant les procédés économiques indiqués plus haut, tout ce matériel peut être réuni, prêt à fonctionner, moyennant une mise de fonds très-légère; les frais sont plus élevés lorsqu'on tient à ne faire usage que d'un matériel complet dont toutes les parties soient aussi parfaites que possible : dans ce cas, il s'agit toujours d'une culture maraîchère importante, exercée à titre de profession par un homme du métier; celui qui l'entreprend doit disposer d'une somme suffisante pour ne pas être arrêté par la dépense qu'exige l'acquisition du matériel.

1. Voyez *Opérations du jardinage*, ch. II.

CHAPITRE IV.

Légumes annuels et bisannuels.

Légumes annuels et bisannuels. — *Légumes-racines.* — Pomme de terre; espèces jardinières : kidney; marjolin; neuf-semaines; sept-semaines. — Carotte : toupie de Hollande; demi-longue rouge. — Navets : jaune de Freneuse; jaune de Finlande; rond; blanc; blanc long de Clairefontaine. — Radis : rose; blanc; jaune-nankin; noir. — Salsifis. — *Légumes-bulbes.* — Oignon. — Poireau. — Ciboule. — Ail. — Échalote. — *Légumes à feuilles et à fleurs comestibles.* — Choux pommés; à feuilles lisses, à feuilles frisées; à pommes coniques; à jets, ou chou spruyt de Bruxelles. — Chou-fleur; semis, repiquages. — Brocolis. — Oseille de Belleville; vierge. — Épinards : moyen de les faire dégeler. — Céleri; céleri-rave. — Persil. — Cerfeuil. — *Légumes à graines comestibles.* — Pois précoces, tardifs; semis, culture. — Haricots sans rames, à rames. — Fèves; semis, étêtage indispensable.

Les légumes annuels et bisannuels admis dans nos potagers, dont ils occupent la plus grande partie, sont compris dans quatre séries distinctes, formées des plantes dont on utilise les *racines*, les *bulbes*, les *feuilles* et les *graines*.

Légumes-racines. Les légumes-racines comprennent la *pomme de terre*, la *carotte*, le *panais*, le *navet*, le *radis*, le *gros radis noir*, la *scorsonère* et le *salsifis*.

Pomme de terre. Les *pommes de terre* cultivées en grand pour la nourriture de l'homme et des bestiaux, ainsi que pour la fabrication de la fécule et de l'eau-de-vie, ne sont pas du domaine du jardinage; on admet seulement dans le jardin potager les espèces très-hâtives, spécialement la *jaune* de Hollande, la *kidney* d'Angleterre, la *marjolin* des environs de Paris, et les deux variétés belges connues sous les noms de *sept-semaines* et de *neuf-semaines*, les plus précoces de toutes les espèces jardinières. La plantation se fait également bien, sous le climat de Paris, soit à la fin de l'automne, soit de très-bonne heure au printemps, en profitant des premiers beaux jours de février. Il faut planter profondément, pour que la gelée ne puisse atteindre les tubercules en terre. Si l'on met en terre des fragments de tubercules, il ne faut les planter qu'après avoir laissé les coupures se ressuyer une demi-journée au moins au contact de l'air. L'espacement varie selon les dimensions que doivent prendre les diverses variétés; en général, les espèces de pommes de terre jardinières ont des tiges peu développées : on peut les planter en moyenne à $0^{m},35$ ou même $0^{m},30$ en tout sens. Lorsqu'on veut propager promptement une espèce dont on ne possède que quelques tubercules, on enterre ceux-ci dans une couche tiède bien garnie de terreau, recouverte de son châssis. En quelques jours, chacun des yeux de chaque tubercule émet une ou plusieurs pousses qu'on détache avec un léger fragment de la substance du tubercule; ces pousses sont traitées comme des boutures ou des marcottes enracinées, et mises en place à la distance ordinaire. On peut utiliser de la même manière les pousses blanches étiolées que donnent dès les premiers jours du printemps les pommes de terre conservées à la cave pendant l'hiver; le résultat est le même que si l'on avait planté des tubercules entiers ou coupés. Partout où il y a lieu de craindre la maladie des pommes de terre, il est bon d'exposer un jour ou deux au soleil les tubercules destinés à la plantation; ces tubercules deviennent verts et perdent leurs propriétés alimentaires; mais ils donnent naissance à des plantes moins sujettes que les autres aux atteintes de la maladie.

Carottes. On peut admettre dans les jardins potagers un assez grand nombre de variétés de *carottes;* mais les deux meilleures sont la carotte rouge courte, dite *toupie de Hollande,* la plus précoce de toutes, et la *demi-longue rouge* de Hollande, facile à conserver pour la provision d'hiver. Les semis peuvent se faire dès le mois de septembre sous le climat de Paris. La terre est préparée par un labour très-soigné ; on égalise la surface avec le râteau, puis on sème à raison de 90 grammes de graine par are ou 40 grammes par planche de 24 mètres de long sur 2 mètres de large. Les semis d'automne lèvent en quelques jours, mais les jeunes plantes prennent peu de force avant l'hiver, qui les ferait périr si l'on négligeait de les couvrir, pendant les fortes gelées, avec de la litière qu'on enlève après chaque dégel. Les semis de printemps lèvent ordinairement trop épais; le plant doit être éclairci au bout de dix à quinze jours, puis fréquemment arrosé en cas de sécheresse. Si l'on voit la petite araignée noire (*théridion*) pulluler dans les planches de jeunes carottes, il faut les arroser avec une infusion légère de tabac; ce procédé serait impraticable dans la grande culture, mais pour le jardin potager il ne cause pas de dépense excessive : 30 grammes de tabac commun à fumer suffisent pour un arrosoir de 12 à 14 litres. Cette infusion, répandue le matin sur une planche de carottes infestée de théridions, les fait disparaître à l'instant et sauve le jeune plant, que ces insectes piquent au collet de la racine pour en sucer la séve sucrée. Pour fournir à la consommation pendant tout l'été, on renouvelle les semis tous les quinze jours, d'avril en juillet. On sème à cette dernière époque la carotte demi-longue rouge; on l'arrache vers la fin d'octobre, pour la provision d'hiver.

Panais. Les *panais*, dans le nord de la France, se sèment au printemps, comme les carottes courtes précoces; on les arrache en été quand leurs racines sont de la grosseur du doigt; ils se préparent à l'étuvée, comme les jeunes carottes. Ceux qu'on veut conserver, toujours en petite quantité, principalement comme assaisonnement du pot-au-feu, sont semés en mai ou juin et traités comme les carottes tardives.

Navets. Les principales espèces jardinières de *navets* sont le *jaune de Freneuse*, le *jaune de Finlande*, le *rond blanc* à collet rose et le *blanc long de Clairefontaine*. Tous les navets veulent une terre plutôt légère que forte, fumée pour une récolte précédente; en les semant directement sur une fumure récente, on risque de faire bifurquer leurs racines, qui perdent par là toute leur valeur. Les navets longs ou ronds, à conserver comme provision d'hiver, doivent être semés au mois d'août, et arrachés dans la première quinzaine de novembre.

Radis. Les *radis*, dont les meilleurs sont le *rose*, le *blanc* et le *jaune-nankin*, se sèment de bonne heure au printemps, dans une terre fortement amendée avec du terreau; les semis peuvent être renouvelés de quinze en quinze jours pendant toute la belle saison : habituellement, on les interrompt pendant les fortes chaleurs pour les reprendre à la fin de l'été et avoir des radis à livrer à la consommation pendant toute la durée de l'automne. Le gros *radis noir* se sème clair, en terrain bien fumé, pendant tout le mois de juin et la première quinzaine de juillet. Vers le mois de novembre, les racines ont toute leur grosseur; on les conserve en jauge, comme les carottes réservées pour servir de porte-graines : ce produit est livré successivement à la consommation pendant tout l'hiver.

Salsifis, scorsonère. Le *salsifis* à écorce jaunâtre et la *scorsonère* à écorce noire se cultivent de la même manière et peuvent se remplacer réciproquement dans la consommation, ayant exactement les mêmes propriétés alimentaires. On sème au printemps de mars en mai, dans une terre préparée par un labour profond, mais non sur une fumure récente qui ne convient pas à ce légume; la dose de graine est de 500 grammes par are. Le salsifis prend à peu près son volume normal la première année; la scorsonère, plus généralement cultivée parce qu'elle est considérée comme plus délicate, a cependant sur le salsifis le désavantage de n'acquérir qu'en deux ans toute sa grosseur. Elle monte en graine la première année; les tiges florales, coupées au niveau du sol, se reforment la seconde année et sont coupées de même, à l'exception des plantes réservées comme porte-graines. On peut n'arracher le salsifis et la scorsonère qu'en proportion des besoins de la consommation journalière : ces deux racines sont également insensibles à la gelée.

Légumes-bulbes. Les plantes de la seconde série, dont on utilise les bulbes, ne sont employées qu'à titre de simple assaisonnement; cette série comprend : l'*oignon*, le *poireau*, la *ciboule*, l'*ail* et l'*échalote*.

Oignon. L'*oignon* est tellement usité dans la cuisine française, qu'aux environs des grandes villes il est traité en plein champ en grande culture. Trois variétés sont admises dans le potager : le *jaune*, le *blanc* et le *rouge pâle* ou *violet*; le jaune est le plus cultivé : c'est celui qui se conserve le mieux. Comme toutes les plantes bulbeuses, l'oignon craint le contact du fumier récent; il se plaît dans une terre fumée l'année précédente, qui a donné sur la fumure une ou plusieurs récoltes d'autres légumes. Quand la température le permet, on peut semer l'oignon jaune dès la fin de janvier; on sème habituellement en février, mieux au commencement qu'à la fin de ce mois sous le climat de Paris. La dose ordinaire est de 60 grammes par planches, ou 100 grammes par are; si, comme il arrive assez souvent, une partie de la graine n'est pas douée de la faculté germinative, ce dont on peut s'assurer en en semant d'avance une pincée isolément, il faut semer un peu plus épais. Souvent on mêle dans les semis la graine de poireau à celle d'oignon; quand le plant de poireau est assez fort pour être transplanté, on l'arrache pour donner de l'espace aux jeunes oignons. On doit tenir les planches d'oignon parfaitement propres par de fréquents sarclages, et les arroser jusqu'au moment où la bulbe commence à se former. Plus tard, vers le mois de juillet, on se sert du dos du râteau pour abattre et coucher les *fanes* ou feuilles de l'oignon : la bulbe acquiert plus de volume; on arrache l'oignon dans la première quinzaine de septembre. On peut aussi semer l'oignon très-serré, en pépinière, au mois de septembre, et le laisser sécher en s'abstenant de l'arroser. Le mois suivant, on arrache les oignons alors gros comme des pois; ils passent ainsi l'hiver et sont plantés en lignes, à 7 ou 8 centimètres en tout sens, au printemps de l'année suivante. Cette méthode, qui économise la graine d'oignon, quelquefois fort chère, est suivie par les jardiniers des environs d'Orléans.

L'oignon blanc, principalement cultivé pour être employé à l'état frais, se sème en pépinière, à raison de 500 grammes de graine par planche, au commencement du mois d'août. Vers le milieu d'octobre, on arrache le plant d'oignon blanc pour le repiquer en lignes, à un décimètre en tout sens. Si le sol du jardin est plutôt fort que léger, il vaut mieux que le plant d'oignon blanc passe l'hiver en pépinière et qu'il ne soit transplanté qu'en mars de l'année suivante. Il peut être livré à la consommation dans les premiers jours de mai et successivement pendant tout l'été, où il est très-recherché, spécialement comme assaisonnement indispensable des jeunes carottes et des pois verts.

Poireau. On cultive deux variétés principales de *poireau*, le long et le court, ce dernier d'un diamètre souvent double de celui du premier. On sème la graine de poireau en pépinière, dans la première quinzaine de février, soit seule, soit mêlée à celle d'oignon. Le plant est bon à repiquer en mai, quelquefois dès la fin d'avril; on le transplante en lignes, à un décimètre en tout sens. Afin de ne pas manquer de ce légume, on fait en juillet un second semis qui donne du plant bon à mettre en place en septembre. Ce plant grossit rapidement; c'est le poireau transplanté à cette époque qu'on livre à la consommation pendant tout l'hiver. On ne l'arrache qu'au moment de l'employer; la gelée ne lui cause aucun dommage. Afin d'avoir encore du poireau à récolter au printemps, quand celui qu'on a repiqué en septembre est épuisé ou qu'il commence à monter en graine, on fait en septembre un dernier semis très-clair. Le plant provenant de ce semis n'est pas repiqué : il passe l'hiver en place, recommence à végéter au printemps suivant, et ne devient jamais très-gros; mais il monte très-tard en graine, et il fournit à la consommation jusqu'à ce que les premiers poireaux de printemps puissent être récoltés.

Ciboule. La *ciboule* se cultive dans les mêmes conditions de sol et de fumure indiquées pour l'oignon. On sème en février, à raison de 400 grammes de graine par planche; la graine trop profondément enterrée ne lèverait pas; on la mêle à la terre de la surface par un léger trait de râteau, puis on répand par-dessus une couche mince de terreau ou de bonne terre de jardin sèche et pulvérisée. On peut, sans inconvénient, mêler à la semence de ciboule un peu de graine de radis; la croissance très-rapide du radis permet de l'arracher assez tôt pour qu'il ne gêne pas la végétation plus lente de la ciboule. Les semis peuvent être continués de mois en mois jusqu'au milieu de juillet; les ciboules des derniers semis sont arrachées en novembre ou même en décembre, quand l'hiver n'est pas précoce; elles se conservent bien en jauge, avec la précaution de les couvrir de litière lorsqu'il neige ou que le froid est très-rigoureux.

Ail. L'*ail,* type de la famille des plantes alliacées, ne se multiplie que par la séparation de ses caïeux, toujours très-nombreux autour de chaque bulbe. Sa culture n'est réellement importante que dans le midi de la France, où l'ail est l'assaisonnement de presque tous les mets; dans le centre et le nord, où il est moins usité, l'ail ne se plante qu'en bordure autour d'une des planches du potager; il ne craint que le fumier frais et les arrosages trop abondants; tous les terrains et toutes les expositions lui conviennent. Sous le climat de Paris, l'ail se plante dans la première semaine de mars; les *fanes* doivent être tordues en juin pour favoriser le grossissement des bulbes, qu'on arrache en juillet, dès que les feuilles ou fanes se dessèchent. Les bulbes doivent rester un jour ou deux sur le sol, pour achever de mûrir au contact du soleil et de l'air.

Échalote. L'*échalote* est de toutes les plantes alliacées cultivées dans le potager celle dont les bulbes ont le goût le plus délicat. Sa culture est exactement celle de l'ail; elle craint par-dessus tout l'excès d'humidité dans le sol. Il ne faut planter que les caïeux dont la forme est la plus allongée; ce sont toujours ceux qui produisent les plus belles touffes.

Légumes à feuilles et à fleurs comestibles. Les légumes de la troisième série, cultivés pour leurs feuilles et quelquefois pour leurs fleurs, tiennent une place considérable dans l'alimentation de l'homme; cette série comprend les *choux*, les *choux-fleurs*, les *brocolis*, l'*oseille*, les *épinards*, le *céleri*, le *persil* et le *cerfeuil*.

Choux. Les *choux*, dont chaque pays de l'Europe possède des variétés précieuses à divers titres, sont rangés dans trois divisions principales, comprenant les *choux pommés*, à feuille lisse et à tête ronde; les *choux frisés*, à tête également arrondie, et les *choux coniques*, à pomme plus ou moins allongée. Les meilleurs choux pommés cultivés dans nos potagers sont, dans la première division, le gros *chou blanc* ou *chou quintal d'Alsace;* le *chou nantais*, à peu près aussi volumineux, et le *chou rouge*, peu cultivé, excepté sur notre frontière du nord. Parmi les choux frisés, les meilleurs sont le *chou de Milan*, ou *chou de Savoie*, et le *chou des Vertus*, des environs de Paris. Parmi les choux coniques, les plus recherchés sont le *chou d'York*, variété anglaise, la meilleure de toutes quant à la délicatesse de son goût; le *chou cœur-de-bœuf* et le *chou conique de Promé-*

ranie. En dehors de ces trois divisions, on cultive encore le *chou spruyt* ou *chou à jets de Bruxelles*, pour les rejetons qui naissent dans les aisselles de ses feuilles, et le *chou-rave*, dont on mange le collet de la racine, offrant la forme du navet, avec un goût analogue à celui du chou-fleur.

La graine de chou se sème toujours en pépinière; la transplantation est indispensable pour la formation des pommes. Tous les choux pommés à tête ronde ou conique se sèment à deux époques principales, au mois d'août et au mois de mars. Le plant obtenu des semis faits en août veut être garanti du froid par une couverture de litière pendant les fortes gelées; il est repiqué en place au printemps et forme ses pommes pendant le courant de la belle saison. Le plant provenant des semis de mars se transplante en mai, pour donner ses pommes à la fin de l'automne. Le chou spruyt, ou chou à jets de Bruxelles, très-répandu en France depuis quelques années, se sème en pépinière en mai; dès le mois de juin, il est bon à mettre en place, soit dans un carré vacant, soit entre les lignes des touffes de pommes de terre précoces. Lorsqu'on arrache celles-ci, les choux à jets, déjà forts, reçoivent une façon qui leur est fort utile, de sorte que ces deux produits se suivent sans perte de temps. Les récoltes successives de jets de chou spruyt commencent en octobre et se continuent jusqu'au mois de février, sans interruption.

La distance à laquelle les différentes espèces de choux doivent être mises en place, dans une terre largement fumée, varie selon le volume de chaque espèce, depuis 0m,50 pour les plus petites jusqu'à 0m,60 et même 0m,80 pour le chou quintal et les autres variétés à très-grosses têtes. Une fois en place, les choux ne demandent plus que quelques sarclages, pour tenir le sol propre, et un ou deux binages pendant la belle saison. On les arrose seulement pendant quelques jours, après leur transplantation. La graine de chou-rave se sème en pépinière de quinze en quinze jours, de février en juin. Le plant, repiqué assez jeune, à 0m,40 en tout sens, veut être largement arrosé pendant tout l'été, pour donner des produits tendres et de bon goût; il ne souffre pas du froid et peut rester tout l'hiver en place sans inconvénient. Les choux blancs à feuille lisse et les choux à feuille frisée, qu'on se propose de livrer à la consommation dans le courant de l'hiver, ne doivent être transplantés en place qu'un mois ou cinq semaines après les autres ; leurs pommes sont un peu moins volumineuses, mais plus faciles à conserver en bon état pendant l'hiver que celles des choux transplantés à l'époque ordinaire.

Chou-fleur. Le *chou-fleur*, l'un des produits les plus estimés du potager, ne réussit parfaitement que dans les terres à la fois riches et légères, à une exposition plus ou moins méridionale. Dans une terre compacte, il pousse beaucoup en feuilles ; mais souvent sa pomme *borgne*, selon l'expression reçue, c'est-à-dire qu'elle reste petite, divisée, mêlée de feuilles blanches ou verdâtres, par conséquent de nulle valeur. Si l'on veut obtenir de beaux choux-fleurs dans une terre de jardin, bonne sous d'autres rapports, mais un peu trop argileuse, il faut mélanger avec la terre de chaque place où l'on plante un chou-fleur une ou deux poignées de terreau, indépendamment de la fumure abondante que la terre doit avoir reçue. On cultive trois variétés de choux-fleurs, le *tendre* ou *précoce*, le *dur* et le *demi-dur*. Dans les marais des environs de Paris, on ne cultive que le tendre, connu sous le nom de *petit Salomon*, et le demi-dur, nommé *gros Salomon*. Depuis quelques années on y joint une belle variété de demi-dur, à pomme très-volumineuse, nommée chou-fleur *Lenormand*, du nom du jardinier qui l'a introduite. On sème la graine de chou-fleur en pépinière, en septembre et octobre. Le plant doit être repiqué très-jeune une ou deux fois sur une costière bien exposée au plein midi. Il n'est pas difficile de lui faire ainsi passer l'hiver en le garantissant du froid, soit avec des châssis vitrés qu'on pose par-dessus pendant les gelées et qu'on enlève quand la température le permet, soit simplement avec une couverture de paillassons ou de litière, supportée par des perches ou des branchages. Lorsqu'on ne peut pas abriter le plant de chou-fleur sous des châssis, on doit s'attendre à en perdre une partie pendant l'hiver, et faire les semis et les repiquages dans cette prévision. Le plant mis en place au printemps, à $0^m,40$ ou $0^m,50$ en tout sens, doit être arrosé largement pendant toute la durée de sa végétation ; le succès de sa culture en dépend. Quand la pomme est de la grosseur du poing, pour lui conserver sa blancheur pendant qu'elle grossit, on la couvre avec un morceau de feuille fraîche qu'on renouvelle tous les deux jours. A partir de la fin de mars, on peut semer la graine de chou-fleur en pleine terre, et mettre le plant en place après un seul repiquage. A l'exception des arrosages fréquents, dont ils ne peuvent se passer, les choux-fleurs semés au printemps se cultivent exactement comme les choux pommés transplantés à la même époque. On peut planter des rangs de laitue à pomme ronde entre les lignes de choux-fleurs; ceux-ci grossissent successivement et peuvent être récoltés depuis la fin d'août jusqu'en novembre. On cultive comme les choux-fleurs le *brocoli*, variété originaire d'Italie, dont on possède plusieurs sous-variétés à pommes jaunes, vertes et violettes.

Oseille. L'*oseille*, plante rustique et d'une culture très-facile, se plante habituellement en bordure autour des planches du potager; les deux variétés les plus estimées sont l'*oseille de Belleville*, à larges feuilles, et l'*oseille vierge*, plus douce que la précédente. La première se multiplie par le semis de ses graines en lignes, de mars en juillet; la seconde, qui ne monte pas et ne porte pas graine, se propage par la division de ses touffes. Pour avoir de l'oseille fraîche en hiver, on en forme des planches en plantant en lignes, tout près les unes des autres, des plantes obtenues de semis. On pose sur ces planches une bonne couverture de paille ou de litière longue qu'on enlève lorsqu'il ne gèle pas; cet abri suffit pour que le froid n'interrompe pas complétement la végétation de l'oseille, dont les jeunes feuilles ont en hiver une assez grande valeur. On traite de la même manière, sous le nom d'*oseille-épinard*, la *grande patience*, qui ne se multiplie que par la séparation de ses rejetons.

Épinards. Les meilleures variétés d'*épinards* sont: l'*épinard de Hollande*, à larges feuilles, et l'*épinard d'Esquermes*, à feuilles de laitue. On sème l'épinard au printemps et au mois d'août; la rapidité de croissance de cette plante permet de s'en servir pour utiliser les terrains laissés vacants à la fin de l'été par d'autres récoltes; l'épinard ne reçoit qu'un labour superficiel et ne demande pas de fumure pour son propre compte. En hiver, quand les fortes gelées ont frappé les feuilles d'épinard, elles prennent un aspect flétri, demi-transparent; on pourrait les regarder comme perdues. Il faut, dans ce cas, les cueillir avec précaution, les faire tremper dans de l'eau froide, mais non glacée, puis les étendre sur le plancher d'une chambre où il ne gèle pas. Si l'on a soin de les retourner de temps en temps, jusqu'à ce qu'elles soient parfaitement ressuyées, elles reviennent au même état que si elles n'avaient pas été gelées.

Céleri. On cultive deux espèces de *céleri :* le *céleri commun* et le *céleri-rave*, dont chacun a donné par la culture plusieurs bonnes sous-variétés. Le céleri commun se sème en pépinière, à l'air libre, d'avril en juin, plutôt clair que trop serré, Le plant doit être repiqué très-jeune, en lignes, à $0^m,35$ en tout sens, dans une bonne terre de jardin; il a besoin d'arrosages fréquents et abondants, jusqu'à ce qu'il ait acquis le volume normal propre à son espèce. Alors on le transplante *en motte,* c'est-à-dire avec toute la terre adhérente aux racines, dans le fond d'une fosse d'un mètre de large sur $0^m,50$ de profondeur; cette fosse reçoit 3 ou 4 rangs de plants de céleri, dont les côtes sont réunies en faisceau par un ou deux liens de jonc. Les intervalles sont remplis avec la terre de la fosse, réservée pour cette destination; on laisse seulement sortir au dehors le sommet des feuilles. En quinze jours les côtes du céleri sont devenues blanches, tendres et d'une saveur aromatique agréable; c'est le moment qu'il faut saisir pour utiliser le céleri, car en cet état il ne se conserve pas. En Belgique, on ne donne au céleri qu'un seul repiquage; le plant est immédiatement transplanté, à la place où il doit être blanchi, sur deux rangs séparés des deux suivants par un intervalle vide dans lequel on prend la terre pour faire blanchir les côtes du céleri. La graine de céleri-rave se sème comme celle du céleri commun; le plant n'a pas besoin d'être butté, mais il veut être arrosé continuellement pour développer le renflement du collet de la racine, seule partie comestible de la plante. La saveur très-aromatique du céleri-rave est peu goûtée en France, excepté dans nos départements du nord-est, où sa culture est assez répandue.

Persil. Bien que le *persil* ne soit utilisé qu'à titre d'assaisonnement, il est tellement usité que le jardin potager doit pouvoir en fournir en toute saison. On sème la graine de persil de février en juin ; cette graine veut être enterrée peu profondément : elle ne lève souvent qu'au bout de trente et même de quarante jours. Le persil se sème habituellement en bordures. On en connaît trois variétés : le *commun* à feuilles plates, le *frisé* et le *nain très-frisé*. Le froid de nos hivers ordinaires ne nuit pas au persil ; mais cette plante ne résiste pas aux gelées rudes et prolongées. Le jardinier qui prévoit un hiver rigoureux sème ou repique du persil sous châssis ; il le vend avec avantage quand le marché s'en trouve dépourvu.

Cerfeuil. Le *cerfeuil*, moins usité comme assaisonnement que le persil, se sème de quinze en quinze jours, de mars en octobre : ces semis si souvent renouvelés sont nécessaires, parce que la plante monte très-vite en graine, ce qui fait perdre toute leur qualité aux feuilles, seule partie comestible de la plante. On cultive trois variétés de cerfeuil : le *commun*, le *frisé* et le *musqué ;* la saveur forte de ce dernier ne plaît pas à la masse des consommateurs : aussi le cerfeuil musqué ne se rencontre-t-il que dans un petit nombre de potagers. Toutes les terres et toutes les expositions conviennent au cerfeuil ; il faut l'arroser largement en été et le couper à mesure qu'il pousse, afin de retarder le développement de ses tiges florales.

Légumes à graines comestibles. Les légumes de la quatrième série, dont on mange seulement les graines, comprennent les *pois*, les *haricots* et les *fèves*. Ce sont les vrais légumes, dans le sens primitif de cette expression : les botanistes nomment *légume* la cosse, gousse ou silique qui contient la graine de toutes les plantes de la famille des *légumineuses*, à laquelle appartiennent les légumes de la quatrième série.

Pois. Les *pois*, dont le grain écossé frais constitue l'un des meilleurs légumes de l'été, ont produit en Europe un grand nombre de variétés ; les meilleurs sont, parmi les précoces, le *michaux de Hollande* et le pois *prince Albert d'Angleterre*, et parmi les tardifs, le *clamart*, le *marly* et le *ridé de Knight*. Les pois dont la cosse est dépourvue de parchemin intérieur forment, sous le nom de *mange-tout*, une série à part dans laquelle les meilleures variétés sont le *pois éventail*, très-nain, et le *pois géant sans parchemin*.

On peut risquer, sous le climat de Paris, les premiers semis de pois à l'air libre dès la fin de novembre : le froid les détruit souvent, même au pied d'un mur au midi; mais souvent aussi ils résistent à l'hiver, ou s'ils semblent perdus parce que leur pousse centrale a gelé, ils donnent au printemps deux pousses latérales qui fleurissent et fructifient de très-bonne heure. Les premiers semis de printemps à l'air libre se font au commencement de février; on peut semer ensuite de quinze jours en quinze jours jusqu'au milieu de juin : passé cette dernière époque, les pois fleurissent bien, mais la brièveté des jours à l'arrière-saison ne permet pas aux cosses de se remplir, de sorte que le produit en grain est presque nul. Quelle que soit l'époque des semis, les pois ont besoin d'un premier binage quinze jours après qu'ils sont levés, et d'un second, quinze jours plus tard. C'est après ce second binage qu'on place les rames, consistant en branchages d'un mètre à $1^{m},30$ de haut, pour soutenir les tiges des espèces grimpantes; les variétés naines n'en ont pas besoin. Quand les pois ont pris tout l'accroissement propre à chaque espèce, on retranche le sommet des tiges, pour que toute la séve profite à la formation des pois dans les cosses. Pour conserver aux bonnes variétés de pois toutes leurs qualités recommandables, il faut éviter de les semer deux ans de suite dans le même carré du potager.

Haricots. Les *haricots* ont donné d'innombrables variétés par la culture. Les meilleures espèces jardinières sont parmi les nains, qui n'ont pas besoin d'être ramés, le *flageolet*, préférable à tous les autres comme haricot vert, le *hâtif de Hollande*, le *blanc d'Amérique*, le *noir hâtif de Belgique* et le *jaune hâtif*, petit, mais très-productif. Parmi les espèces à rames, on estime surtout le *soissons*, le *haricot sabre* et le *haricot princesse* ou *mange-tout*, de Belgique, peu cultivé en France, excepté sur notre frontière du nord. Sous le climat de Paris, le haricot ne peut pas être semé à l'air libre avant le mois de mai ; mais sans recourir à la culture forcée sous châssis, très-coûteuse et peu productive, on peut obtenir de bonne heure des haricots verts par le procédé suivant. Après avoir égalisé et foulé par le piétinement un tas de fumier en fermentation, on répand par-dessus un décimètre de terreau, ou, à défaut de terreau, la même quantité de bonne terre de jardin. Dès la première semaine d'avril, on y sème tout près les uns des autres des haricots *flageolets*, à raison d'environ un litre par mètre carré de surface. Ces haricots germent et lèvent en peu de jours ; on les couvre d'une épaisse chemise de paille ou de litière pour les préserver du froid ; on a soin de ne les arroser que juste autant qu'il le faut pour les empêcher de sécher. Le plant reste en cet état, sans faire grand progrès, jusqu'à ce que la température permette de le mettre en place à l'air libre ; il est alors transplanté au moment où, sans ce procédé, on pourrait seulement commencer à semer : les haricots ainsi traités donnent leurs premiers produits dix à quinze jours avant ceux des premiers haricots de même espèce semés à l'air libre. Toutes les espèces de haricots demandent une bonne terre abondamment fumée, et un ou deux binages après qu'ils sont levés; on peut alors donner des rames à ceux dont les tiges ont besoin d'être soutenues, et les livrer au cours naturel de leur végétation.

Fèves. Les espèces jardinières de *fève* sont : la *fève commune*, spécialement désignée sous le nom de *fève de marais*, la *fève verte anglaise de Windsor*, la *julienne* et la *naine hâtive*. Ces deux dernières, peu productives mais d'excellente qualité, sont les meilleures à cultiver dans les jardins de peu d'étendue. On sème les fèves en pleine terre, en février et mars, dans un bon sol bien fumé; un binage et plus tard un léger buttage sont nécessaires à leur développement. Quand les fleurs du bas, qui s'ouvrent les premières, commencent à former leurs cosses, on supprime la partie supérieure des tiges, dont les fleurs ne produiraient rien ; on hâte ainsi la formation du grain dans les cosses provenant des fleurs inférieures, qui peuvent seules être productives.

CHAPITRE V.

Salades.

Plantes cultivées pour être mangées en salade. — Laitue. — Son introduction en France. — Laitue à couper ; sa culture ; laitue-chicorée ; laitue-épinard. — Laitue de printemps : laitue crêpe, gotte, Georges. — Culture forcée. — Ados ; leur préparation. — Couches. — Manière de les monter. — Culture à l'étouffée. — Laitues d'été ; transplantation ; laitue brune paresseuse, grise maraîchère, de Berlin, de Versailles, de Batavia ou laitue-chou. — Laitues d'hiver : de Groslay, morine, de la Passion. — Romaines : verte hâtive, blonde maraîchère, grise maraîchère, alphange, rouge d'hiver. — *Chicorées.* — Chicorées d'Italie, de Meaux, de Rouen ou corne-de-cerf ; scarole ou escarole ; chicorée barbe-de-capucin ; manière de faire étioler ses feuilles. — *Mâche.* — Ses divers noms : ronde de Hollande, régence ou d'Italie ; sa culture. — *Raiponce.* — Semis ; durée de sa récolte.

L'usage très-ancien de manger certaines plantes crues, assaisonnées de sel, d'huile et de vinaigre, paraît s'être conservé sans interruption depuis l'antiquité la plus reculée dans le sud de l'Italie, d'où il est revenu en France après la conquête de Naples par Charles VIII. Les plantes habituellement mangées en salade et cultivées en France dans les potagers pour cette destination sont : la *laitue*, la *chicorée*, la *mâche* et la *raiponce*.

Laitue. La *laitue* était inconnue en France avant le règne de François Ier : les lettres de Rabelais en font foi ; elles prouvent que cet auteur envoya de Rome, à cette époque, au cardinal d'Estrées, son protecteur, les premières graines de laitue qui aient été semées en France. On cultive aujourd'hui un grand nombre de variétés de laitues, comprises dans trois séries, les *laitues à couper*, les *laitues à pomme ronde* et les *laitues romaines*. Les laitues à couper sont celles dont la culture est la plus simple. On en sème la graine sur une costière, à l'exposition du midi, dès la fin de février ; le plant, dès que ses feuilles naturellement blondes ont cinq à six centimètres de long, est coupé rez terre, épluché, lavé et assaisonné en salade, soit seul, soit associé aux mâches et aux raiponces. On sème de nouveau en mars; plus tard, on ne renouvelle pas les semis de laitue à couper, parce que le potager fournit en abondance d'autres salades de meilleure qualité. Outre l'espèce commune, on cultive deux variétés de laitue à couper, la *laitue-chicorée* et la *laitue-épinard* ou à feuille de chêne.

Les *laitues à pomme ronde*, qui sont les laitues proprement dites, forment trois séries distinctes, comprenant les laitues de printemps, d'été et d'hiver. On cultive trois variétés de laitues de printemps : la *laitue crêpe*, aussi connue sous le nom de *petite noire*, la *laitue gotte* et la *laitue Georges*. Ces trois laitues ne forment que des pommes peu volumineuses, de qualité médiocre; mais elles ont la propriété de pouvoir être facilement *forcées* pendant la plus mauvaise saison et de croître sous cloche ou sous châssis, complétement en dehors du contact de l'air : c'est ce qu'on nomme la culture *à l'étouffée*. Près des grandes villes, où la vente des laitues de printemps est assurée à des prix avantageux, cette culture est profitable, malgré les frais assez élevés qu'elle nécessite. Vers le 15 d'octobre, on garnit de terreau la surface d'une costière à l'exposition du midi; on sème des laitues de printemps sous des cloches posées sur cette costière. Dès que le plant est assez fort pour pouvoir être arraché et repiqué, on place trois rangs de cloches sur la même costière, et l'on repique 30 jeunes laitues sous chaque cloche. L'opération doit être menée vivement, pour que le plant soit le moins possible en contact avec l'air : ce repiquage ne doit être confié qu'à des mains adroites; pour peu que le collet du plant soit un peu trop fortement comprimé entre les doigts, il est perdu. On ne dispose pas dans tous les jardins d'une surface suffisante de costières bien exposées pour la culture des laitues de printemps, et pour quelques autres qui ont également besoin d'une exposition méridionale. On supplée à l'insuffisance des costières en préparant des *ados*. En labourant une planche de $1^m,35$ de large dirigée de l'est à l'ouest, on prend sur son bord antérieur assez de terre pour former à son bord postérieur une ligne saillante d'environ $0^m,20$. La surface est ensuite égalisée au râteau, ce qui donne une pente uniforme inclinée au midi : c'est ce qu'on nomme un *ados*. Les semis et les repiquages du plant de laitue de printemps, sous cloche, s'y font dans les mêmes conditions que sur une costière. Si le jardinier est muni d'une quantité suffisante de châssis économiques couverts en papier ou en calicot huilé, il peut monter des couches pour planter à demeure, toujours à l'étouffée et sans leur donner d'air à aucune époque de leur croissance, les laitues de printemps. Les couches, qui servent également pour toutes les autres cultures forcées, sont faites avec du fumier de cheval, après que celui-ci est resté quelque temps en tas. Avant de *monter* la couche, selon l'expression reçue, le jardinier creuse une fosse de 0m,20 de profondeur sur une largeur de 1m,20 et une longueur indéterminée ; il y entasse, en travaillant à reculons, le fumier bien mélangé avec la fourche, pour qu'il soit aussi uniforme que possible. L'épaisseur moyenne des couches varie de 0m,40 à 0m,60 ; le fumier est étendu lit par lit ; chaque lit est égalisé à la fourche, piétiné et arrosé avant de placer le lit suivant. Des sentiers de 0m,40 de large sont ménagés autour de chaque couche, tant pour la facilité du service que pour pouvoir y placer ce qu'on nomme des *réchauds*, c'est-à-dire du fumier neuf imbibé d'urine, sortant de l'écurie. Ce fumier, entassé dans les sentiers, y dégage une chaleur très-élevée, qui se communique à la couche quand, par suite d'une fermentation trop avancée, la chaleur propre de celle-ci commence à diminuer. Pour la culture des laitues à l'étouffée, après avoir monté la couche, on en recouvre la surface d'un décimètre de bon terreau, dans lequel les laitues sont plantées en quinconce, à 0m,20 ou 0m,25 les unes des autres. Le châssis est ensuite posé sur la couche de façon à ce qu'il reste le moins d'espace possible entre lui et les laitues. Le plant mis en place sur couches du 10 au 15 novembre donne déjà des laitues bonnes pour la vente vers la fin de décembre. Il faut jeter sur les châssis des paillassons ou de la litière longue, en cas de forte gelée ; mais on se gardera bien de donner de l'air en soulevant les châssis. quand même la température serait relativement très-douce, les châssis, pendant la culture des laitues de printemps à l'étouffée, doivent rester constamment fermés. Quand les laitues de la première plantation sont enlevées, on peut semer des radis sur les couches, ou bien les démonter pour en dresser de nouvelles et continuer le même genre de culture de la laitue forcée jusqu'au mois de mars.

Le plant des premières *laitues d'été*, qui toutes se cultivent en pleine terre à l'air libre, est élevé sous châssis, sur des couches montées comme on vient de l'indiquer; la graine se sème en février, pour avoir du plant bon à mettre en place le mois suivant; plus tard, on sème la graine de laitue sur costière ou sur ados, à l'air libre. Avant d'y planter les laitues d'été, les planches doivent être *paillées*, c'est-à-dire garnies de litière ou de fumier long, afin d'empêcher que les arrosages fréquents sans lesquels la laitue d'été monterait en graine et ne formerait pas sa pomme, ne tassent et ne durcissent la terre. L'espacement varie de 0m,25 à 0m,35, selon le volume des espèces et variétés. Les meilleures laitues d'été sont : la *brune paresseuse* ou *laitue grise* des maraîchers parisiens, et les *laitues de Berlin*, *de Versailles* et *de Batavia*; cette dernière, aussi connue sous le nom de *laitue-chou* à cause du volume de ses pommes, est peu délicate, mais elle a la propriété de monter difficilement et de former aisément ses pommes même pendant les plus fortes chaleurs. On ne peut trop recommander d'arroser au moins deux fois par jour, et très-largement, toutes les espèces de laitues; le manque d'eau en quantité suffisante les dispose à fleurir et les empêche de pommer.

Sous le climat de Paris, on peut semer depuis le milieu du mois d'août jusqu'au 15 septembre la graine de plusieurs espèces de laitues moins sensibles au froid que les autres, et qu'on nomme *laitues d'hiver*, parce qu'elles peuvent en effet passer l'hiver à l'air libre, au pied d'un mur au midi. Le plant est mis en place dans le courant d'octobre : on le couvre de litière pendant les grands froids; on le découvre à chaque dégel. Les laitues d'hiver, meilleures comme salades que les laitues forcées sous châssis à l'étouffée, peuvent être mangées de très-bonne heure au printemps, quand l'hiver n'a pas été trop sévère. Les meilleures laitues d'hiver sont les laitues de *Groslay*, *morine* et de la *Passion*; cette dernière est la plus précoce de cette série.

Romaine. Le plant de *romaine hâtive* s'élève sous cloche comme celui des laitues de printemps; comme il est plus volumineux, on en repique 24 seulement sous chaque cloche.

Ce plant, avant d'être transplanté sur couche, a besoin d'un second repiquage. Vers le milieu de novembre on le repique à raison de douze seulement sous chaque cloche. En décembre, la romaine hâtive est mise en place sous châssis, soit seule, soit en lignes alternatives avec des laitues de printemps; on peut la récolter en février. Cette culture peut être conduite entièrement sous cloche; dans ce cas, on plante en décembre, sous chaque cloche, une seule romaine entourée de 4 laitues de printemps. Dès le commencement de mars, le plant de romaine élevé sous cloche peut être mis en place sur costière et sur ados à l'air libre. En été, les semis et la mise en place se font également à l'air libre. Les soins généraux de culture sont les mêmes pour les romaines que pour les laitues; les planches de romaines doivent être paillées et largement arrosées. Quand les romaines se sont *coiffées*, c'est-à-dire quand leurs feuilles extérieures se sont rabattues les unes sur les autres par le sommet, on rapproche ces feuilles de celles du cœur avec deux liens de jonc ou de paille, ce qui contribue à rendre cette salade plus blanche et plus tendre. Les meilleures espèces de romaines cultivées dans nos potagers sont la *verte hâtive*, très-précoce, réservée pour la culture forcée ; la *blonde maraîchère*, la *grise maraîchère*, l'*alphange blonde*, l'*alphange panachée* et la *rouge d'hiver*. Cette dernière, peu sensible au froid, peut passer l'hiver à l'air libre, avec les soins indiqués plus haut pour la culture des laitues d'hiver.

Chicorée. La culture des *chicorées* pour salade est exactement celle des laitues et des romaines. Les trois espèces les plus estimées sont la *chicorée frisée fine* ou d'*Italie*, la *chicorée de Meaux* et la *chicorée de Rouen* ou *corne-de-cerf*. La première est préférée, comme la plus hâtive, pour la culture forcée sous cloche et sous châssis; les deux autres sont d'été : elles se cultivent en pleine terre à l'air libre, comme les laitues d'été; il n'en existe pas de variété d'hiver. On nomme *scarole* ou *escarole* une variété de chicorée à feuille large, non frisée, cultivée très en grand dans nos départements du nord sous le nom d'*endive*. Les scaroles se cultivent comme les laitues d'été. Les chicorées d'été et les scaroles, parvenues à toute leur croissance, s'étalent circulairement à plat sur le sol ; on les rassemble en touffe qu'on maintient par un lien de paille ou de jonc pour faire blanchir l'intérieur ; ces salades se conservent très-bien dans une cave saine ou dans un cellier à l'abri de la gelée : elles se vendent avec avantage pendant tout l'hiver.

On obtient, par un mode particulier de culture aux environs de Paris, une assez bonne salade d'hiver fort saine, bien qu'un peu amère, en faisant étioler les feuilles de la chicorée sauvage. Dans ce but, on sème la graine de chicorée sauvage au mois d'avril, à raison de 90 grammes par planche ; pour faciliter plus tard l'arrachage des racines, il vaut mieux semer en lignes qu'à la volée. Au mois d'octobre, on dresse dans une cave parfaitement obscure une couche de 0m,40 d'épaisseur, en procédant comme on l'a exposé ci-dessus. Les racines de chicorée, arrachées à la fourche, afin de les conserver autant que possible dans toute leur longueur, sont d'abord débarrassées de leurs feuilles, à l'exception de celles du centre, puis reliées en bottes qu'on place debout sur la couche, tout près les unes des autres. En quelques jours, les feuilles longues, blanches, complétement étiolées, ont formé des touffes qu'on peut livrer à la consommation. La même couche, dont la chaleur n'est point épuisée, peut recevoir une seconde garniture de racines de chicorée ; en remplaçant successivement les couches refroidies, on continue ce mode de culture pendant tout l'hiver. La chicorée étiolée se vend avec avantage dans les villes, où elle est connue sous le nom de *barbe-de-capucin*.

Mâche. La *mâche*, très-usitée comme salade d'hiver, est connue sous les noms de *salade de blé*, *doucette* et *oreille-de-lièvre*. Sous le climat de Paris, on sème en mélange la graine des deux variétés cultivées, la *mâche ronde* ou *de Hollande* et la *mâche régence* ou *d'Italie*. Cette culture est fort peu productive ; elle ne se soutient que parce qu'elle ne réclame ni frais ni soins, et qu'elle permet d'utiliser les planches restées vacantes par l'enlèvement d'autres produits, très-près de la fin de l'automne. On sème en septembre et jusqu'à la fin d'octobre, à raison de 150 grammes de graine par planche. Les mâches sont surtout bonnes à récolter lorsqu'elles ont subi l'effet de quelques jours de gelée qui attendrissent leurs feuilles sans les détruire.

Raiponce. La *raiponce*, dont les racines blanches et cassantes sont meilleures que les feuilles, se mange en salade associée à la mâche ou aux laitues de printemps. On sème sa graine en juin ; comme elle est excessivement fine, on la mêle avec deux ou trois fois son volume de sable fin ou de terre sèche pulvérisée, afin de pouvoir la semer également ; 10 grammes de graine de raiponce suffisent pour une planche. La graine est mêlée à la terre de la surface par un léger trait de râteau ; si elle était enterrée, elle ne lèverait pas. On ne commence à récolter les raiponces qu'en février, afin de leur laisser former leurs racines, partie la plus comestible de cette excellente salade, dont le goût rappelle celui de la noisette. On peut continuer à l'arracher successivement jusqu'à ce que les tiges florales commencent à se montrer, vers la fin du printemps.

CHAPITRE VI.

Légumes vivaces.

Légumes vivaces.— *Asperges.* — Leur origine. — Asperges de Gand, de Vendôme, d'Ulm. — Semis en place, plantation. — Culture des griffes. — Essai de la graine. — Arrachage. — Plantation, préparation du terrain, fumure, espacement, rechargements annuels, durée, récolte ; culture forcée. — *Artichauts.* — Gros camus ou de Bretagne. — Gros vert ou de Laon. — Semis, circonstances qui les rendent nécessaires ; rejetons ou œilletons préférés pour la plantation. — Moyens de les garantir du froid, récolte des produits ; durée.

Deux légumes vivaces, les *asperges* et les *artichauts*, tiennent une place importante dans l'alimentation des villes ; leur culture est d'autant plus profitable que leurs produits peuvent être facilement transportés sans se détériorer, ce qui permet de les cultiver loin des villes, dans les cantons dont le sol leur est le plus favorable et où le loyer des terres est à un prix modéré, ainsi que la main-d'œuvre.

Asperge. Bien que plusieurs auteurs aient assigné pour patrie à l'*asperge* les environs d'Abbeville (Somme), il est certain que l'on trouve cette plante à l'état sauvage dans la vallée du Rhône, dans celles de tous ses affluents et sur le bord des torrents et des ravins des départements de l'ancienne Provence. On ne cultive qu'une seule espèce d'asperge ; les sous-variétés connues sous le nom d'asperges de *Gand*, de *Vendôme* et d'*Ulm* sont les plus recherchées ; elles sont purement locales et dégénèrent pour revenir à l'espèce commune dès qu'elles sont dépaysées.

L'un des inconvénients de la culture de l'asperge, c'est qu'il faut en attendre les premiers produits pendant trois années au moins et quatre au plus ; cet inconvénient est compensé par la longue durée des plantations d'asperges ; lorsqu'elles sont bien établies dans un bon terrain, elles restent en plein rapport pendant douze à quinze ans. Avant d'entreprendre une culture d'asperges, il faut s'assurer que ce légume n'a pas été cultivé depuis dix ans au moins dans le terrain qu'on se propose de lui consacrer ; beaucoup de jardiniers ont été ruinés pour avoir avancé des sommes considérables en plantant l'asperge en grand dans des terrains où elle a échoué complétement, parce qu'elle y avait été cultivée précédemment à une époque trop récente.

Les asperges peuvent être indifféremment semées en place ou plantées. La seconde méthode est la plus usitée ; on plante généralement des *griffes* élevées pendant deux ans en pépinière. Aux environs de Paris, la culture des griffes d'asperges destinées aux plantations constitue une branche très-profitable du jardinage. Le sol préparé, fumé, labouré et ratissé à la surface, comme pour toute autre culture potagère, est divisé en planches auxquelles on donne ordinairement 2 mètres de large et 24 mètres de long. Après y avoir répandu 4 à 5 centimètres de terreau, on y sème de la graine d'asperges en lignes, à un décimètre en tout sens. Quand la graine est chère, il est bon de s'assurer, par un essai en petit, si elle est complétement douée de la faculté germinative. On place, à cet effet, une pièce plate de liége à la surface d'un vase quelconque rempli d'eau ; la graine, mêlée à un peu de mousse humide, est placée sur ce flotteur. On voit, au bout de quelques jours, sur un nombre donné de graines, combien il s'en trouve qui ne germent pas. Si elles germent toutes ou presque toutes, on ne sème qu'une graine à chaque place, en éliminant celles qui semblent plus petites, plus plates et d'un noir moins prononcé que les autres ; si une assez grande partie ne germe pas, il faut semer deux graines dans chaque trou, à 2 ou 3 centimètres de profondeur. Cela fait, il ne reste plus qu'à tenir le sol propre par des sarclages et des binages renouvelés selon le besoin. A la fin de l'automne, on coupe les tiges sèches du jeune plant, qui reçoit les mêmes soins l'année suivante. Il peut être arraché et vendu, soit à l'automne de sa seconde année, soit au printemps de sa troisième, ayant passé, dans ce dernier cas, deux ans révolus en pépinière. Il ne faut pas arracher les griffes d'asperges avec la bêche : on risquerait de couper les extrémités de leurs *doigts*, ce qui les gâterait complétement; l'arrachage ne doit se faire qu'à la fourche, avec toutes les précautions nécessaires pour ne point endommager les griffes.

Pour établir une plantation d'asperges avec des griffes de deux ans obtenues par la méthode qu'on vient de décrire, le sol doit être préparé de la manière suivante. On fait choix d'un sol fertile, mais léger, exempt d'humidité souterraine : c'est le plus favorable pour ce genre de culture. On commence par le diviser en planches dirigées de l'est à l'ouest, de 1m,40 de large, séparées par des sentiers de 0m,50, et d'une longueur indéterminée : cette division est simplement indiquée sur le sol par de légers sillons tracés au cordeau. Cela fait, la terre des planches est enlevée à la profondeur de 0m,40, et déposée sur le sentier réservé, de 0m,50 de large. Il arrive assez souvent que le sous-sol, à cette profondeur, est de qualité médiocre; dans ce cas, on l'enlève pour le remplacer, à l'épaisseur de 0m,25 à 0m,30, par une portion de la bonne terre de la surface provenant du creusement de la fosse. La terre bien ameublie du fond de la fosse est mélangée avec une forte fumure d'engrais à demi consommé; celui des bêtes bovines est le meilleur pour cet usage. Par-dessus la fumure, on rapporte encore une couche de quelques centimètres de terre, qu'on égalise au râteau et dans laquelle on procède à la plantation. On trace, à cet effet, deux lignes de chaque côté, à 0m,16 des bords de la fosse, puis on divise également l'espace entre ces deux lignes par deux nouvelles lignes à égale distance l'une de l'autre; sur ces quatre lignes, on marque, en y déposant une forte poignée de bon terreau, les places que doivent occuper les griffes, à $0^m,35$ l'une de l'autre dans les lignes. Les griffes sont placées une à une sur ces légers monticules de terreau, les doigts étendus dans toutes les directions, en évitant soigneusement de les rompre. Par ce procédé, il ne peut pas rester de vide sous le plateau central duquel partent les doigts des griffes; ce qui peut arriver par le soulèvement de celles-ci, lorsqu'on plante dans un sol très-léger. La plantation se termine en rechargeant les griffes de 10 à 12 centimètres de terre, par-dessus laquelle on étend un bon paillis de litière courte, afin de maintenir la fraîcheur du sol. A la fin de la première année, après avoir coupé en novembre les tiges sèches des jeunes asperges, on étend sur le sol une légère couche de fumier long, qui doit y rester jusqu'au printemps de l'année suivante. Avant la reprise de la végétation, ce qui reste de cette fumure est incorporé au sol par une légère façon superficielle à la fourche; puis on répand par-dessus quelques centimètres de terre prise dans les sentiers qui séparent les fosses et dont le sol peut être livré ensuite à diverses cultures potagères annuelles. Les soins de culture de la seconde année sont de tout point semblables à ceux de la première; on peut commencer à récolter les asperges au printemps de la troisième année. Il faut avoir soin de ne pas trop enfoncer le couteau dont on se sert pour couper les asperges entre deux terres, dans la crainte d'endommager le plateau sur lequel se forment les tiges, ce qui ferait périr les griffes. La première récolte doit être faite avec modération : il ne faut pas la prolonger au delà de la fin de mai, pour ne pas épuiser les griffes et compromettre leur avenir. Chaque année, les fosses d'asperges reçoivent une légère fumure avant l'hiver et un rechargement de quelques centimètres de terre au printemps, jusqu'à ce que les sentiers et les planches d'asperges se trouvent ramenées au même niveau.

Lorsqu'au lieu de créer les planches d'asperges par plantation, on sème la graine en place, la préparation des fosses et toutes les opérations successives sont les mêmes que ci-dessus : on marque la place des semis aux distances indiquées pour les griffes; on sème deux graines à chaque place : la suite de la culture reste, pour les asperges de semis en place, semblable à celle des asperges plantées; la récolte des asperges de semis ne commence qu'à la quatrième année.

La culture forcée des asperges en hiver est facile à pratiquer; elle peut offrir de grands avantages dans le voisinage des grandes villes : on force ordinairement des asperges de deux ou trois ans de plantation. Vers le milieu de novembre, la terre des sentiers est enlevée à $0^{m},50$ de profondeur et rejetée sur les planches d'asperges; cette première opération a pour but de faire donner aux griffes des tiges suffisamment longues, condition essentielle pour le placement des asperges forcées. La terre enlevée des sentiers est remplacée par du fumier de cheval bien imbibé d'urine, que l'on foule fortement et qui donne immédiatement une chaleur vive par sa fermentation ; cette chaleur se communique rapidement aux griffes d'asperges, qui ne tardent pas à pousser : on accélère leur végétation en couvrant les planches d'une couche de $0^{m},30$ de fumier par-dessus lequel on pose les châssis; ceux qui sont recouverts de papier ou de calicot huilé sont excellents pour cet usage; les asperges sont ainsi chauffées par-dessus et sur les côtés. S'il survient un froid un peu vif, on jette pendant la nuit sur les châssis des paillassons ou de la litière longue qu'on retire pendant le jour. De temps en temps, on soulève la couche de fumier étendue sur les planches d'asperges forcées pour voir si les asperges commencent à sortir de terre. Dès qu'elles soulèvent la terre pour se montrer au dehors, on retire, pour ne plus la remettre, la couverture de fumier, tout en laissant en place les châssis le jour comme la nuit, quelle que soit la température. La récolte des asperges se fait tous les deux ou trois jours, le fumier des sentiers est enlevé pour d'autres usages et remplacé par du fumier nouveau, environ tous les quinze jours, lorsqu'il a perdu sa chaleur. Les griffes d'asperges forcées sont fatiguées mais non ruinées : en s'abstenant de les récolter l'année suivante et en ne forçant chaque année, comme on vient de l'indiquer, que la moitié des fosses d'asperges dont on dispose, la plantation dure autant que si elle n'était jamais forcée, et, en fin de compte, son produit en argent est beaucoup plus élevé que celui des asperges qu'on ne force pas.

Artichaut. L'*artichaut* ne réussit que dans les terrains chauds, à bonne exposition, exempts d'humidité souterraine et riches en principes calcaires. On cultive plusieurs variétés d'artichaut, dont les plus répandues dans la culture maraîchère sont le *gros camus* ou *artichaut de Bretagne*, reconnaissable à la forme de ses écailles échancrées au sommet et appliquées les unes sur les autres, et le *gros vert* ou *artichaut de Laon*, dont les écailles sont pointues par le bout et divergentes dans toutes les directions. Ces deux variétés sont les plus avantageuses à cultiver sous le climat de Paris; la seconde est la seule qui puisse réussir au nord du bassin de la Seine. Dans le midi, on cultive de préférence le *vert de Provence* et le *violet;* l'un et l'autre, petits et de forme allongée, d'excellent goût, ne contiennent que très-peu de *foin* à l'intérieur; ils ne réussissent pas hors de nos départements les plus méridionaux. On multiplie l'artichaut soit par le semis de ses graines, soit par la séparation des rejetons nommés *œilletons*, qui se forment en assez grand nombre, chaque année, au pied des touffes. La seconde méthode est la plus usitée, parce qu'elle conserve les sous-variétés dans toute leur pureté, tandis que le plant de semis contient toujours un certain nombre de pieds qui, comme disent les jardiniers, *retournent au chardon* et n'ont aucune valeur : l'artichaut n'est, en effet, qu'un chardon perfectionné par la culture. C'est au printemps, avant la reprise de la végétation, mais après que toute crainte de retour de froid rigoureux est passée, qu'on *œilletonne* les artichauts, selon le terme usité, c'est-à-dire qu'on détache les œilletons en les arrachant. Les uns conservent une portion des racines de la plante mère, les autres emportent seulement avec eux un talon, sans racines. On met le plus souvent en place le plant enraciné ou non; mais dans ce cas, et bien que presque tous les œilletons finissent par s'enraciner, la plantation est toujours plus ou moins inégale. Il vaut mieux mettre pendant un mois ou deux les œilletons en pépinière, les arroser largement et ne les mettre en place que quand ils sont bien enracinés. Par ce moyen, la plantation est toute formée de plants d'égale force; sa production est plus abondante et plus régulière.

L'artichaut demande beaucoup de fumier; celui de cheval et de mouton lui convient spécialement. Pour planter l'artichaut dans les meilleures conditions, on ouvre dans le terrain des fosses de $0^m,50$ de profondeur et d'autant de largeur, en lignes parallèles, à un mètre les unes des autres, en comptant la distance à partir du milieu de chaque fosse. On incorpore la fumure à la terre extraite des fosses, puis on la remet en place; le plant d'artichaut y est planté, à un mètre de distance dans les lignes, en quinconce. Il doit être fortement arrosé, d'abord pendant les huit ou dix jours qui suivent la plantation, puis au moment où les pommes commencent à se montrer. A cette dernière époque, des fosses circulaires de 0m,30 de rayon sont ménagées au pied de chaque touffe pour faciliter les arrosages, qui se donnent matin et soir avec le bec de l'arrosoir, dont on a enlevé la gerbe.

L'artichaut redoute le froid; sous le climat du centre de la France, on l'en préserve par un buttage de forme conique donné à la fin de l'automne, après qu'on a raccourci les feuilles extérieures, en ne laissant au-dessus de la terre que celles du centre; en cas de froid très-vif, on jette un peu de litière sur les artichauts buttés, et ils passent ainsi l'hiver sans trop en souffrir; ils sont déchaussés au printemps pour la séparation des œilletons, puis on réunit la terre autour de la souche, en ne laissant à chaque touffe qu'une ou deux pousses pour la production annuelle. Au nord de la vallée de la Seine, cette protection serait insuffisante : on jette une couche épaisse de litière ou de feuilles sèches entre les lignes d'artichauts fortement buttés en automne, après qu'on a coupé, au niveau du collet, les tiges qui ont porté la récolte annuelle. En cas de gelée, on ramène cette couverture sur les artichauts et l'on a soin de l'enlever chaque fois que le temps s'adoucit; elle n'est définitivement retirée que quand les retours des froids tardifs ne sont plus à craindre. Malgré ces soins, les artichauts gèlent périodiquement pendant les hivers longs et rudes, même sous le climat de Paris. C'est alors qu'il faut recourir aux semis pour renouveler les plantations. La graine d'artichaut est bonne pendant cinq à six ans : celle de trois ou de quatre ans est considérée comme la meilleure; on sème en avril et l'on élève le plant un an en pépinière pour le mettre en place au printemps de l'année suivante, en ayant soin d'éliminer les pieds qui paraissent retourner au chardon; les autres sont ensuite propagés par leurs œilletons. Sauf le chapitre des accidents, une plantation d'artichauts bien établie dure quatre ans en plein rapport; elle doit être renouvelée à la quatrième année, mais non dans le terrain où ont végété les artichauts épuisés. Ce terrain ne doit recevoir une nouvelle plantation d'artichauts qu'après avoir été livré pendant deux ans à d'autres cultures potagères.

L'artichaut, dans tout le nord de la France, peut être cultivé avec avantage comme plante annuelle. On plante les œilletons de bonne heure au printemps, et l'on ne ménage ni le fumier ni les arrosages pendant l'été. Chaque plante donne sa récolte d'artichauts en automne, après quoi elle est arrachée, et la plantation est refaite à neuf au printemps de l'année suivante.

CHAPITRE VII.

Plantes potagères à fruits comestibles.

Plantes potagères à fruits comestibles. — *Fraisier.* — Deux espèces d'Europe : fraisier remontant ou des Alpes des quatre saisons : fraisier capron ou ananas. — Fraisiers d'Amérique à gros fruit : fraisier du Chili ; écarlate de Virginie ; British-Queen ; Deptford ; Bieton ; Goliath. — Fraisier buisson. — Filets ou coulants. — Plantation. — Culture. — Multiplication de semis. — Culture forcée. — *Melon.* — Brodé ou maraîcher. — Cantaloups : orangé, noir des Carmes, Prescott fond blanc, boule de Siam. — Semis. — Transplantation. — Culture. — Taille. — *Tomate.* — Semis. — Culture. — Taille. — *Concombre.* — Cornichon. — Citrouille. — Courge à la moelle.

Deux plantes dont les produits sont généralement recherchés des consommateurs, le *fraisier* et le *melon*, sont cultivées pour leurs fruits dans les potagers ; on cultive aussi pour leurs fruits la *tomate* ou *pomme d'amour*, le *concombre*, le *cornichon*, la *citrouille* et plusieurs variétés de *courges*, dont les produits sont moins usités que la fraise et le melon.

Fraisier. Le *fraisier* a donné par la culture, depuis une époque assez rapprochée de la nôtre, un grand nombre de variétés ; il n'en existe réellement que trois espèces distinctes, deux d'origine européenne et une d'Amérique : toutes les sous-variétés actuellement répandues dans les jardins sont issues du croisement des fraisiers d'Europe, soit entre eux, soit avec le fraisier d'Amérique et ses variétés. Les deux espèces d'Europe diffèrent essentiellement l'une de l'autre : le fraisier le plus estimé est connu dans toute l'Europe sous le nom de *fraisier des Alpes des quatre saisons*, parce qu'il est essentiellement remontant ; son fruit, peu volumineux, est oblong, terminé en pointe, d'un rouge foncé, très-parfumé ; il en existe une variété à fruit blanc. L'autre fraisier d'Europe, à fruit très-gros, peu coloré, à feuilles très-larges, est connu sous le nom de *capron* ou fraisier *ananas*; la plante est dioïque, c'est-à-dire que les fleurs mâles et les fleurs femelles se développent sur des pieds séparés : il en résulte que, dans les planches de caprons, une partie des plantes ne porte pas de fruits, circonstance qui, jointe à la qualité médiocre de ses produits, a presque fait disparaître le capron de nos jardins. Le *fraisier d'Amérique* donne en général des fruits beaucoup plus gros que ceux du fraisier des Alpes ; la *fraise du Chili*, la plus volumineuse des fraises américaines, est souvent tellement grosse qu'il n'en faut pas plus de trente pour remplir une mesure d'un litre. Le fraisier *écarlate de Virginie*, à fruit d'un volume moyen, d'un rouge vif qui justifie son nom, est une variété importée de l'Amérique du Nord depuis plus d'un siècle en Europe, où elle s'est maintenue sans altération. Mais le fraisier d'Amérique ne remonte pas : aucune de ses variétés produites par la culture, aucune de celles obtenues par croisement avec les fraisiers d'Europe n'est remontante.

Les meilleures espèces d'Amérique ou d'origine américaine sont, outre le fraisier du Chili et l'écarlate de la Virginie, les fraisiers *British-Queen*, *Deptford*, *Bicton*, à fruit blanc, et *Goliath*, à fruit presque aussi gros que la fraise du Chili. Les amateurs en possèdent des collections très-nombreuses, divisées en deux séries : l'une à fruit rond, comme l'écarlate de Virginie ; l'autre à fruit oblong, pointu, comme la fraise de Deptford.

On peut multiplier le fraisier du semis de ses graines récoltées sur les plus beaux fruits de chaque variété, arrivés à parfaite maturité. Mais comme le plant de fraisier de semis croît lentement et fait attendre deux ans ses premiers fruits, ce procédé n'est usité que dans l'espoir d'obtenir des variétés nouvelles. Il est néanmoins utile de semer de temps à autre la graine des meilleures variétés de fraisiers pour rajeunir les plantations, lorsqu'on s'aperçoit qu'elles commencent à dégénérer. Habituellement le fraisier n'est propagé que par le plant, toujours très-abondant, que fournissent les *coulants* ou *filets* émis par la plante chaque année, dans le cours de la belle saison. On ne connaît qu'un seul fraisier qui ne *file* pas, c'est-à-dire qui ne produit pas de coulants : c'est une bonne variété remontante du fraisier des Alpes des quatre saisons, nommée *fraisier buisson;* on ne multiplie ce fraisier que par la division de ses touffes. Pour établir une plantation, on doit préférer le plant provenant des coulants de l'année, le plus rapproché de la plante mère.

Le terrain où l'on se propose de planter des fraisiers doit être labouré avec soin en juin et fumé avec du fumier très-consommé ; les racines du fraisier ne supportent pas le contact du fumier en fermentation. Les planches ne doivent pas avoir plus de 1m,30 de large, afin que l'ouvrier, en se tenant baissé dans les sentiers qui les séparent, puisse facilement atteindre au milieu, soit pour les soins de culture, soit pour la récolte des fruits. On trace sur chaque planche cinq rayons pour le fraisier des Alpes, l'écarlate de Virginie et les autres espèces à plantes peu développées ; pour les grandes espèces de fraisiers d'origine américaine, on ne trace que quatre rayons par planche. Le plant des petites espèces est mis en place, en quinconce, à 0m,30 dans les lignes ; celui des grandes espèces doit être espacé dans les lignes à 0m,40 et même à 0m,50. La première année, on retranche les coulants à mesure qu'ils se produisent ; on en fait autant au printemps de l'année suivante, afin de rendre les fraisiers plus forts et plus productifs. Quand la floraison commence, on couvre les planches d'un paillis épais, non-seulement pour conserver la fraîcheur résultant des arrosages, mais aussi et principalement pour que les fraises mûres ne soient pas salies par la terre des planches. Les fraisiers ne donnent rien la première année ; ils donnent une médiocre récolte la seconde, et une autre très-abondante la troisième ; dès la quatrième, leur produit commence à décliner ; la plantation doit donc être renouvelée par tiers ou complétement refaite tous les trois ans. La production surabondante des coulants épuise rapidement et en pure perte les plantations de fraisiers ; il ne faut les laisser filer qu'en proportion de la quantité de plant dont on peut avoir besoin.

Lorsqu'on a recours aux semis pour maintenir dans sa pureté une variété de fraisier qui tend à dégénérer, on sème la graine au mois de mars, sur une planche bien garnie de terreau, dans une position ombragée; la graine veut être très-peu recouverte : il suffit de répandre par-dessus un peu de terreau pulvérisé. Le plant doit être repiqué très-jeune sur une costière ou un ados; on l'arrose fréquemment, pour favoriser sa reprise; un peu de litière courte jetée par-dessus pendant les heures les plus chaudes de la journée et retirée le soir, le préserve de l'action brûlante des rayons solaires. Dans la première quinzaine de juillet, le plant de fraisier de semis a besoin d'un second repiquage; ce plant, qui supporte difficilement la transplantation à cette période de sa croissance, veut être levé en mottes et espacé à 0m,15 en tout sens; au mois de septembre, il a pris de la force et formé de bonnes racines; il peut être mis en place comme le plant de coulants.

La culture forcée du fraisier peut donner des fraises mûres en plein hiver; mais elle n'est possible et profitable que pour le jardinier qui dispose d'une serre chaude destinée à forcer, en même temps que les fraisiers, de la vigne, des pêchers et des arbres fruitiers nains cultivés en pots. Celui qui n'a pas cette ressource doit se borner à hâter au printemps la floraison d'une partie de ses fraisiers, en entourant les planches de paillassons soutenus par des piquets, formant un espalier temporaire. Grâce à cet abri peu coûteux, on obtient de très-bonne heure des fraises mûres; celles qui paraissent les premières sur le marché se vendent toujours à des prix avantageux.

Il faut avoir soin, en cueillant les fraises, de ne pas froisser les tiges qui portent, en même temps que des fruits mûrs, des fleurs et des fruits à demi formés; si l'on cueille sans précaution les premières fraises mûres, on peut compromettre tout le reste de la récolte. On doit donc couper la tige du support de la fraise avec l'ongle, et ne jamais laisser ce support adhérent à la tige principale : sa présence nuit au développement des fleurs et des fruits dont cette tige est encore chargée.

Melon. — La culture du *melon* en France a subi depuis le commencement de ce siècle une complète révolution; l'ancienne race de melons brodés, connus à Paris sous le nom de melons maraîchers, a été complétement abandonnée et remplacée par des melons plus délicats et de meilleur goût de la race des *cantaloups*, originaires d'Italie. Les cantaloups se reconnaissent aisément à leur écorce épaisse et rugueuse, marquée de côtes saillantes séparées par des sillons profonds. Les plus recherchés de cette race sont le cantaloup *orangé*, le *noir des Carmes*, le *Prescott fond blanc*, le *gros noir de Hollande* et le cantaloup *boule de Siam*. Les trois premiers sont précoces et d'un volume moyen, les deux derniers végètent plus lentement et donnent des fruits souvent énormes. On cultive encore, spécialement dans nos départements du Midi, dont le climat leur est très-favorable, les melons à écorce lisse, dont les plus estimés sont les melons *de Malte*, *de Chypre*, *de Perse* ou *d'Odessa*, et le melon *d'hiver* ou *de Cavaillon*, facile à conserver jusqu'au milieu de l'hiver.

Pour cultiver avec succès les melons de primeur, il faut disposer d'un matériel considérable en châssis vitrés et cloches de verre, afin de pouvoir semer la graine de melon sur couche chaude dès le mois de janvier, et continuer la culture jusqu'à la maturité des fruits sur couches constamment réchauffées, non sans des frais considérables. Il est vrai que ces melons se vendent fort cher; ce genre de culture ne doit être adopté que par celui qui est assuré d'en placer les produits à des prix qui l'indemnisent de sa peine et de ses avances. Celui qui ne dispose que d'un matériel limité, composé de châssis et de cloches économiques, doit se contenter de semer en mars : les melons qu'il obtiendra vers le mois d'août seront aussi bons, sinon meilleurs, que les melons de primeur. On monte à cet effet une couche de $0^m,75$ d'épaisseur sur laquelle on étend un lit de terreau de $0^m,15$. Dans cette couche, on enterre des pots de $0^m,08$ de diamètre, remplis de terre mêlée de terreau. La graine de melon est semée dans ces pots : une seule graine par pot; puis on recouvre la couche de son châssis. Dès que le plant a pris assez de force, on le transplante sur une ou plusieurs couches établies comme la première, et chargées, non de terreau pur, mais d'un mélange de terreau et de terre prise dans la plate-bande sur laquelle les couches sont montées. Le plant doit être dépoté avec toutes les précautions nécessaires pour ne pas déranger les racines, qui sont, sous ce rapport, d'une extrême délicatesse ; on le met en place, en motte, à la distance de 1m,50, en ligne au centre de la couche. Lorsqu'il a bien repris racine et qu'il porte quatre à cinq feuilles, on coupe la tige au-dessus de la troisième, ce qui fait naître trois tiges dont on retranche la moins robuste au bout de quelques jours. Un peu plus tard, on pince les deux tiges latérales pour les faire ramifier; on pince encore au-dessus de leur seconde feuille toutes les pousses que cette taille a fait naître; après quoi, on livre la plante au cours naturel de sa végétation jusqu'à ce qu'il s'y forme des mailles, c'est-à-dire des fleurs femelles, auxquelles succèdent des fruits. Si la plante avait été, dès le principe, abandonnée à elle-même sans être taillée, sa tige se serait allongée outre mesure et n'aurait porté fruit qu'à une très-grande distance de la racine; or, les melons sont d'autant meilleurs qu'ils se forment plus près du collet de la plante. Comme chaque ramification porte fruit, le jardinier choisit un ou deux des mieux formés et des mieux placés, et supprime les autres avec les branches qui les portent. La tige réservée est elle-même taillée à deux yeux au-dessus du fruit quand celui-ci est bien noué. L'opération de la taille du melon, telle qu'on vient de l'indiquer, ne doit jamais être faite que pendant les heures les plus chaudes de la journée : du moment où les fruits sont noués, la surface de la couche, dont la chaleur a dû être entretenue par des réchauds de fumier neuf enterré dans les sentiers qui l'entourent, est garnie d'un paillis épais sur lequel posent les melons tandis qu'ils achèvent de grossir. Des arrosages abondants et fréquents leur sont nécessaires, dès qu'on entre dans la saison chaude, pour accélérer leur croissance.

Le jardinier qui n'aspire pas à récolter des melons mûrs avant la fin d'août et la première quinzaine de septembre peut les semer en place, au pied d'un mur exposé au midi, à l'époque où la plante peut supporter la température extérieure, c'est-à-dire du 10 au 15 mai sous le climat de Paris. On prépare à cet effet dès le mois d'avril non pas des couches, mais des buttes de fumier frais, de forme arrondie, dont on aplatit le sommet, et qui ne tardent pas à s'affaisser sur elles-mêmes. On répand un peu de terreau mêlé de terre sur le sommet de ces buttes, espacées entre elles de 1m,50, et l'on y sème la graine de melon. La plante est ensuite taillée comme ci-dessus ; étant beaucoup plus vigoureuse que les melons élevés sous châssis par la culture forcée, on peut lui laisser un plus grand nombre de fruits, dont chacun est isolément recouvert d'une cloche de papier ou de calicot huilé, à défaut de cloches de verre, afin de concentrer la chaleur et de hâter la maturité des melons. Ce mode de culture, lorsqu'il n'est pas contrarié par l'absence de beaux jours à la fin de l'été, peut donner d'excellents melons. On ne peut trop recommander d'éloigner des melons les autres plantes de la famille des *cucurbitacées* (citrouilles, courges, giraumons, concombres), dont le voisinage donnerait lieu à des croisements accidentels, de sorte qu'à la suite d'une culture très-soignée on récolterait des melons bâtards qui ne seraient pas mangeables.

Tomate. La *tomate*, dont le fruit, connu sous son nom vulgaire de *pomme d'amour*, est plus usité dans la cuisine du Midi que dans celle du Nord, se sème sur couche sous châssis en février et mars. Le plant ne doit être mis en place à l'air libre que dans les premiers jours de mai, soit au pied d'un mur à l'exposition du midi, soit sous la protection d'un espalier temporaire de paillassons soutenus par des piquets. Dès que la plante porte des fruits noués, elle a besoin d'être soutenue par un ou plusieurs tuteurs, ou, s'il est possible, palissée au bas du treillage d'un espalier. Les fruits se forment toujours en beaucoup trop grand nombre; on en supprime une partie, et l'on taille les rameaux au-dessus des fruits réservés : sans quoi la plante continuerait à pousser et à fleurir, les fruits resteraient petits et ne parviendraient pas à maturité.

Concombre. Le *concombre*, sous le climat de Paris, doit être semé sur couche en février et en mars, pour donner du plant bon à mettre en place sur costière bien paillée à l'exposition du midi, dans les premiers jours de mai; le *long blanc* et le *vert anglais* sont les variétés les plus estimées. La taille et les soins de culture que réclame le concombre sont les mêmes qu'on a décrits pour le melon; ces deux plantes ont, en effet, le même tempérament.

Cornichon. Le *cornichon* n'est qu'une variété du concombre, cultivée, comme on sait, dans le but d'en récolter les fruits verts pour les confire au vinaigre. On creuse au mois de mai, sous le climat de Paris, des trous circulaires de 0m,50 de diamètre sur 0m,30 de profondeur; on les remplit de bon fumier à demi consommé sur lequel on étend quelques centimètres de terreau. On sème trois graines de cornichon dans chaque trou; la plante se ramifie d'elle-même suffisamment et n'a pas besoin d'être taillée; il lui faut des arrosages abondants. La récolte des fruits se fait tous les deux jours, de juillet en septembre.

Citrouille. La *citrouille*, aussi nommée *courge citrouille* et *courge potiron*, donne des fruits souvent énormes, dont la pulpe se mange cuite en potage. Depuis quelques années, les jardiniers ont abandonné la culture des grosses citrouilles vides à l'intérieur, d'une conservation difficile; ils préfèrent la variété à fruit plat, sans vide intérieur, connue sous le nom vulgaire de *boule de Siam*. Le plant, obtenu de semis sous châssis sur couche en mars, est repiqué en avril et mis en place à l'air libre au mois de mai, dans des trous circulaires d'un mètre de diamètre sur 0m,50 de profondeur, remplis de fumier à demi consommé et recouvert d'un décimètre de terreau. Ces trous doivent être espacés à 2m,50 ou 3 mètres en tous sens. A mesure que les tiges s'allongent, on les marcotte, c'est-à-dire qu'on en recouvre de terre une portion qui prend racine, ce qui ajoute à la vigueur de la plante. Quand les fruits sont bien formés, les tiges qui les portent sont taillées à deux ou trois yeux au-dessus; la citrouille a besoin de beaucoup d'eau à toutes les périodes de sa croissance.

On cultive de la même manière les diverses espèces de courges, dont la meilleure est la *courge à la moelle;* la pulpe de cette courge contient une fécule très-nourrissante.

CHAPITRE VIII.

Culture des porte-graines.

Moyen de perfectionner les graines potagères. — Double échelle des jardiniers de Nancy. — Choux. Section des trognons. Étêtement des tiges. — Choux-fleurs. Élagage des tiges superflues. — Carotte. Culture. Récolte et mode de conservation des graines. — Oignons. Manière de soutenir les tiges. Conservation des capitules. — Poireau. Culture. Récolte des graines. — Asperges. Dessiccation des baies. Séparation des graines. — Concombre et cornichon. — Tomates. — Fraisiers. Dessiccation du fruit. Durée.

La perfection des graines exerce l'influence la plus prononcée sur la qualité de tous les produits du potager ; le jardinier qui comprend ses intérêts doit s'imposer la loi de ne jamais semer que les graines les plus parfaites de chaque espèce ; le moyen le plus certain d'arriver à ce résultat, c'est de donner des soins intelligents à la culture des *porte-graines*.

De toutes les parties de la France où le jardinage est en honneur, les environs de Nancy (Meurthe) sont celle où la culture des porte-graines est le mieux pratiquée; la méthode particulière en usage dans ce pays porte le nom de *double échelle;* voici en quoi elle consiste : le jardinier fait choix, dans chaque espèce, des plus beaux spécimens qu'il lui est possible de se procurer; il en récolte les graines, qui sont nécessairement de très-bonne qualité ; mais il ne s'en sert pas pour ses semis et ne les livre pas au commerce. Dans un terrain abondamment fumé et cultivé avec le plus grand soin, il sème les graines les meilleures de cette première récolte, uniquement dans le but d'en obtenir des porte-graines portés, par deux années de culture, à toute la perfection que chaque espèce peut acquérir. Ainsi, toutes les graines potagères employées et vendues par les jardiniers de Nancy, qui pratiquent la méthode de la double échelle, sont le produit non pas d'une *première*, mais d'une *seconde* génération de porte-graines, cultivés dans les conditions les plus favorables pour en développer toutes les propriétés utiles. Cette méthode peut être pratiquée partout avec le même succès ; les produits dédommagent amplement le jardinier des frais de deux années de culture, soit qu'il opère en grand dans le but de vendre les graines, soit qu'il se borne à récolter les graines nécessaires à la culture de son propre jardin.

Les plantes potagères dont il importe le plus de soigner particulièrement les porte-graines sont les *choux*, les *choux-fleurs*, la *carotte*, l'*oignon*, le *poireau*, l'*asperge*, le *concombre*, le *cornichon*, la *tomate* et les *fraisiers*.

Les porte-graines des diverses races de *choux* ne réclament pas tous le même mode de culture. Pour obtenir de bonne graine des choux pommés, soit à feuilles lisses, soit à feuilles frisées, à pomme ronde ou conique, on cherche d'abord, par la double échelle, à en avoir quelques spécimens de chaque espèce, d'une beauté hors ligne. Après en avoir récolté les pommes, on transplante les souches, vulgairement nommées *trognons*, dans un sol abondamment fumé et labouré avec beaucoup de soin. Au printemps on pratique sur le sommet de la souche coupée net horizontalement deux fentes en croix de quelques centimètres de profondeur. Chacun des quatre quartiers de la souche ainsi divisée donne au printemps plusieurs pousses vigoureuses; dès que ces pousses se disposent à fleurir, on les supprime toutes moins une, et l'on retranche le sommet de la tige conservée. Il ne s'y développe qu'un nombre modéré de fleurs; mais chaque fleur donne une silique bien conformée et bien remplie, et la graine renfermée dans cette silique réunit au plus haut degré les qualités de l'espèce ou variété de chou qu'elle doit servir à propager. La graine de toutes les espèces de choux garde ses propriétés germinatives pendant quatre ou cinq ans.

On fait choix comme porte-graines des *choux-fleurs* dont les pommes sont le mieux conformées, du grain le plus fin et le plus serré, complétement exemptes de gerçures et de feuilles blanches étiolées sortant de ces gerçures. Au lieu de les retrancher, comme on vient de l'indiquer pour les choux pommés, on les laisse se diviser et monter naturellement en fleur, puis en graine; on a soin seulement de ne laisser subsister de chaque pomme que les deux ou trois rameaux les plus vigoureux, et de ne conserver sur ces rameaux qu'un nombre modéré de siliques. Les porte-graines peuvent être sans inconvénient arrachés avec toutes leurs racines et transportés dans une grange ou sous un hangar un peu avant l'entière maturité des graines; celles-ci achèvent de mûrir dans les siliques, et l'on ne risque pas d'en perdre une partie, soit par l'égrenage, soit par les déprédations des oiseaux, particulièrement des linottes, qui en sont fort avides. La graine de chou-fleur conserve ses propriétés germinatives pendant cinq ans.

Il importe beaucoup de préserver de toute altération provenant de la gelée ou de l'humidité les *carottes* qu'on se propose d'utiliser comme porte-graines. Bien que la carotte soit bisannuelle, il s'en trouve toujours dans les semis quelques pieds qui montent en graine dès leur première année; ce serait une faute grave que d'employer pour les semis la graine tout à fait défectueuse de ces carottes à floraison prématurée, qui doivent être arrachées et jetées au fumier dès qu'on aperçoit la formation de leur tige florale. Au printemps, on choisit parmi les plus belles carottes de chaque espèce celles qui ont le mieux supporté l'hiver, ce qui se reconnaît à l'aspect vigoureux que prend leur pousse centrale dès le premier réveil de la végétation. Ces carottes sont plantées dans un terrain fumé avec de l'engrais très-consommé; s'il se développe sur chaque plante plusieurs tiges florales, on n'en laisse subsister qu'une, et l'on a soin de sarcler, de biner, d'arroser au besoin, afin que la végétation soit aussi vigoureuse qu'elle peut l'être. A l'époque de la maturité des graines, on coupe les ombelles chargées de graines mûres et l'on en forme des paquets qu'on suspend dans un local sec et bien aéré. Au moment de semer la graine de carotte ou de la livrer au commerce, on égrène avec soin les ombelles, en prenant exclusivement les graines des ombellules extérieures, sans les mêler avec les graines des ombellules du centre, qui sont toujours moins parfaites et moins bien fécondées. C'est un mauvais calcul, en dernière analyse, que de semer ou de vendre un mélange de bonnes graines et de mauvaises, dans la crainte de perdre quelque chose sur la quantité récoltée. La graine de carotte peut se conserver bonne pendant cinq ans; mais, passé trois ans, il y en a toujours une partie qui ne lève pas; celle de deux ans est la meilleure pour les semis.

L'*oignon*, de même que toutes les plantes bulbeuses, pousse bon gré mal gré, et entre en végétation au printemps, qu'on le plante ou non. Ceux qu'on réserve comme porte-graines ont dû être conservés pendant l'hiver dans un local à l'abri de la gelée, mais assez froid pour que la température ne provoque pas hors de propos l'entrée prématurée des bulbes en végétation. Dès les premiers beaux jours, on plante les oignons pour graine dans une situation abritée; une bonne terre ordinaire de jardin, fumée de l'année précédente, ayant porté sur la fumure une ou deux récoltes d'autres légumes, est celle qui convient le mieux aux oignons porte-graines. Les tiges creuses et renflées vers le milieu qui portent les fleurs de l'oignon étant très-aisément renversées et rompues par les coups de vent qui précèdent les orages, il est bon d'entourer la plate-bande de piquets réunis entre eux par plusieurs rangs de forte ficelle, afin de donner en cas de besoin un point d'appui à ces tiges qui manquent de consistance. A l'époque de la maturité, il vaut mieux laisser la graine dans ses enveloppes que de l'éplucher. Les sommités des tiges, terminées par un capitule de graines en forme de boule, sont liées en bottes et suspendues à l'abri de l'humidité. On épluche la graine seulement au moment de la semer ou de la vendre. La graine d'oignon n'est bonne que pendant deux ans; celle d'un an est la meilleure pour les semis.

Le froid des hivers ordinaires du climat de l'Europe centrale n'ayant pas d'action sur le *poireau*, on peut sans inconvénient choisir avant la fin de l'automne ceux qu'on réserve comme porte-graines et les transplanter à part, à $0^{m},20$ les uns des autres. Les tiges ont besoin d'être soutenues: les graines se conservent comme celles de l'oignon; la durée de leurs propriétés germinatives est de deux ans.

On récolte les baies rouges de l'*asperge* à la fin de l'automne, lorsqu'elles sont parfaitement mûres et que leur surface commence à se rider. On les laisse sécher complétement dans un local bien aéré; on les garde en cet état jusqu'au printemps; elles conservent deux ans leurs propriétés germinatives. Au moment de les vendre ou de les employer, on fait macérer les baies sèches dans de l'eau fraîche jusqu'à ce qu'elles se ramollissent assez pour s'écraser aisément entre les doigts. Les graines, d'un beau noir, sont alors séparées de la pulpe, lavées et séchées lentement à l'ombre.

Pour avoir de bonne graine de *concombre*, on réserve sur une plante vigoureuse un ou deux fruits les plus parfaits selon leur variété; on laisse ces fruits, non pas seulement mûrir, mais pourrir complétement sur place par excès de maturité; alors seulement on sépare les graines de la pulpe par le lavage, puis on les fait sécher à l'ombre. La graine de concombre se conserve bonne pendant six à huit ans; celle de trois à cinq ans est la meilleure pour les semis. Ce qui précède s'applique au *concombre-cornichon* comme aux porte-graines de toutes les variétés de concombre.

On doit combattre énergiquement par la taille et le pincement la tendance à s'emporter des pieds de *tomates* réservés comme porte-graines; chacun de ces pieds ne doit conserver que trois ou quatre fruits choisis parmi les mieux conformés : ces fruits doivent rester sur la plante jusqu'à ce que leur maturité soit aussi complète que possible; alors les tomates se fendent et leur graine tombe à terre. On la ramasse pour la séparer de la pulpe par le lavage et la faire sécher à l'ombre; elle est bonne pendant quatre ans; celle de deux ans est la meilleure pour les semis.

On ne laisse aux *fraisiers* dont on se propose d'utiliser la graine qu'une seule tige florale, et sur cette tige que deux ou trois fleurs. Quand les fraises sont à demi formées, on réserve la plus belle, et l'on supprime les autres. La fraise unique conservée doit rester sur la tige jusqu'à ce qu'elle soit à moitié desséchée; elle est alors cueillie et posée sur une assiette dans un lieu bien aéré, où elle achève de se dessécher; on la froisse alors entre les doigts pour en détacher les graines; elles ne conservent leurs propriétés germinatives que pendant trois ans.

CHAPITRE IX.

Récolte et conservation des produits.

Récolte. — Pommes de terre précoces. — Carottes de jardin. Arrachage. — Navets. Variétés tardives. Nécessité de les arracher avant les gelées. — Salsifis et scorsonères. — Choux. — Choux-fleurs. — Oignons. — Petits pois précoces. Précautions qu'exige leur récolte. — Salades; blanchies par la ligature. — Artichauts. — Fraises. — Cornichons. — *Conservation.* — Pommes de terre précoces. — Carottes tardives. — Choux. — Choux-fleurs. — Salades d'hiver. — Artichauts. — Melons.

Il importe beaucoup au résultat définitif de la culture maraîchère que tous les produits du potager soient récoltés dans les meilleures conditions. Tous ne sont pas de nature à être conservés; plusieurs doivent être vendus ou livrés à la consommation au moment précis de leur maturité; mais tous, pour avoir toute leur valeur alimentaire, veulent être récoltés en temps opportun et avec certaines précautions qu'il est utile de connaître. On doit à cet effet envisager séparément chaque série des produits du potager, d'abord au point de vue de la récolte, ensuite à celui de la conservation.

Récolte des produits. Les légumes-racines, *pommes de terre*, *carottes*, *navets*, *salsifis* et *scorsonères*, ne se récoltent pas tous dans des conditions semblables.

Les pommes de terre tardives sont rarement admises dans le potager ; elles se cultivent généralement en plein champ et sont du domaine de la grande culture. Les variétés précoces, fréquemment cultivées avec les autres légumes d'été, sont trop souvent arrachées à un état de développement trop peu avancé. Par une avidité mal entendue, le jardinier, pressé de profiter de la cherté des pommes de terre précoces qui paraissent les premières sur le marché, les arrache dès que leurs tubercules sont assez gros pour trouver des acheteurs. Les pommes de terre en cet état sont malsaines et très-peu nourrissantes; le bénéfice que procure leur vente est une illusion; car, si cher qu'il les vende, le jardinier en récolte toujours trop peu pour réaliser un profit réel. Il faut attendre, pour les récolter, que les tubercules aient atteint les *deux tiers* de leur volume normal. En observant ce précepte, les pommes de terre précoces arrivent encore assez tôt sur le marché pour être très-bien vendues; elles sont de bonne qualité, et en quantité suffisante pour indemniser amplement le jardinier de sa peine et de ses frais de culture.

Les carottes des espèces jardinières sont cultivées très en grand près des grandes villes pour être vendues à titre de légume de printemps lorsqu'elles ont la grosseur du doigt; on ne les arrache que successivement, en enlevant à chaque fois celles qui sont arrivées avant les autres au volume désiré. La seule précaution à prendre consiste à les arracher une à une, sans déplacer leurs voisines, qui doivent continuer à grossir pour être récoltées ultérieurement; on ménage avec soin leurs longues feuilles, qui servent à les rattacher en bottes pour la vente. Les carottes cultivées dans les jardins pour la provision d'hiver restent en place jusqu'à la fin de l'automne; en les arrachant pour les rentrer à la cave ou dans des silos, il faut éliminer avec soin celles qui se sont accidentellement ramifiées et celles qui ont émis des tiges et commencé à fleurir. Quoique la carotte sauvage soit une plante annuelle, la carotte cultivée est bisannuelle; elle ne porte graine qu'à sa seconde année; toutefois, il s'en trouve toujours quelques-unes qui se comportent en plantes annuelles et portent graine prématurément; leurs racines sont coriaces et n'ont aucune valeur alimentaire, on les rejette au moment de l'arrachage.

Les navets de jardin sont récoltés comme les carottes hâtives, non pas tous à la fois, mais à mesure qu'ils arrivent au volume normal de leur espèce. Les variétés tardives doivent être arrachées d'assez bonne heure en automne pour que leurs racines ne souffrent pas des atteintes des premières gelées; les navets arrachés trop tard, sans être précisément gelés, se conservent mal; leur chair est plus ou moins altérée; elle a même pu contracter des propriétés malsaines. Il est donc très-nécessaire d'arracher les navets d'automne avant les premiers froids un peu sévères, même lorsqu'à cette époque leurs racines n'ont pas encore toute leur grosseur.

Les salsifis et scorsonères, n'ayant rien à craindre du froid le plus vif du climat moyen de la France, peuvent rester tout l'hiver en terre sans inconvénient et n'être arrachés qu'en proportion des besoins de la consommation; on ne les arrache tous ensemble, à la fin de l'automne, que quand l'emplacement qu'ils occupent doit être rendu disponible, pour recevoir, soit une fumure enterrée par un labour profond, soit une plantation de porte-graines.

Dans les grands jardins potagers, la plupart des légumes annuels sont récoltés sans grandes précautions; plusieurs, en effet, n'en demandent aucune : tels sont les *choux*, les *choux-fleurs*, l'*oignon* et les autres plantes potagères alliacées, et la plupart des *salades*. Il n'en est pas de même des *pois*, des *haricots* et des autres légumes dont on mange les graines, soit sèches, soit à l'état frais.

Toute une récolte de pois précoces peut être compromise si, pour prendre les cosses remplies les premières, et qui sont toujours placées au bas de la plante, on imprime trop de secousses aux racines fort délicates, ou si l'on froisse trop fortement la tige, qui ne peut pas supporter une trop rude pression. Lorsqu'on voit, dans un jardin, des pois ayant bien fleuri ne rapporter presque rien, c'est ordinairement parce que la récolte des premières cosses a été faite sans précaution.

Les salades qui, comme les romaines, les chicorées et les scaroles, doivent être liées dans le but d'en faire blanchir l'intérieur, ne sont récoltées que plusieurs jours après avoir éprouvé l'espèce d'étiolement résultant de la ligature. Les mâches, principalement utiles comme salade d'hiver, ne sont réellement bonnes qu'à la suite d'une petite gelée qui, sans compromettre leur existence, les attendrit et les rend plus faciles à digérer.

Parmi les légumes vivaces, les *artichauts* sont ceux dont la récolte doit être faite avec le plus de soin. Lorsqu'on retranche à la fin de la saison les tiges qui ont porté chacune un ou plusieurs artichauts, ce retranchement doit être fait avant que la tige se soit séchée d'elle-même sur place, ce qui pourrait occasionner la mort de la plante; il ne faut pas couper la tige trop bas, ce qui ferait périr au moins une partie des rejetons ou œilletons du pied, nécessaires pour le renouvellement des plantations.

Parmi les fruits de plantes potagères, les *fraises* et les *cornichons* veulent être récoltés avec attention. Si, lorsqu'on cueille les premières fraises, on froisse les tiges chargées de fleurs et de fraises à demi formées, le reste de la récolte peut être perdu. Celles qui, comme la fraise des Alpes des quatre saisons, adhèrent peu à leur support ne doivent pas, comme on le fait communément, en être détachées en laissant le support sur la tige; ce support doit être retranché avec l'ongle et enlevé avec le fruit, qui sera épluché plus tard au moment de le livrer à la consommation; la présence du support sur la tige, où il ne tarderait pas à se dessécher, nuirait à la croissance des autres fraises que la même tige doit encore fournir.

Les vrais amateurs de cornichons en récoltent les fruits tous les jours ou tous les deux jours, lorsqu'ils n'ont encore que la grosseur du petit doigt tout au plus : les plus petits sont les plus délicats; en les cueillant avec une partie du support, sans endommager la tige, celle-ci n'en continue pas moins à s'allonger et à donner de nouveaux fruits. Ceux qui tiennent plus à la quantité qu'à la qualité ne récoltent les cornichons que lorsqu'ils ont la grosseur du pouce; l'avantage définitif est plus apparent que réel : les tiges, fatiguées par la production des fruits qu'on a laissés trop grossir, s'allongent moins que celles dont on récolte les fruits très-petits, et ne rendent pas, en dernière analyse, beaucoup plus que si les cornichons avaient été cueillis jeunes dans toute la perfection de leur qualité.

Conservation des produits. Pour le jardinier de profession comme pour celui dont le jardin doit seulement pourvoir à la consommation d'un ménage, la bonne conservation des produits du potager est un point fort important, qui mérite toute son attention. Souvent, au moment de la récolte, l'abondance de ces produits est telle que, s'ils sont vendus immédiatement, leur valeur est presque nulle; vendus quelques mois plus tard, ils ont au contraire une valeur très-élevée.

Les *pommes de terre précoces*, des espèces jardinières, sont mangées ou consommées à mesure qu'on les arrache. Toutefois, s'il arrive que, par un motif quelconque, on en ait arraché plus qu'on ne peut en utiliser immédiatement, il faut les conserver, ne fût-ce qu'un jour ou deux, dans un local sain et obscur; le contact de la lumière leur ferait prendre une teinte verte et une saveur désagréable; elles seraient entièrement dépréciées.

Le bénéfice qu'on peut espérer de la vente des *carottes tardives* dépend beaucoup de leur bonne conservation; c'est vers le commencement du printemps, en mars et avril, quand il n'y a plus de légumes anciens et qu'il n'y en a pas encore de nouveaux, que les carottes sont le plus recherchées et qu'elles se vendent le mieux; bien des jardiniers, faute de soins, n'en ont point à vendre à cette époque; dès que leur provision commence à se gâter, ils s'empressent de vendre, et ils font bien; ils font encore mieux quand ils prennent leurs mesures pour l'empêcher de se corrompre. On arrache les carottes tardives par un temps sec; on en détache la terre, mais on s'abstient soigneusement de les laver; le collet est retranché au-dessous de la naissance des feuilles; les racines sont ensuite disposées sur un sol bien sec, en tas de la forme d'un toit, d'un mètre à un mètre 50 de haut, d'une longueur indéterminée, dirigée de l'est à l'ouest. Ces tas sont ensuite recouverts d'une épaisse chemise de paille, puis d'une couche de terre de 0m,25 à 0m,30 d'épaisseur. Sous cet abri, les carottes n'ont rien à craindre ni du froid ni de l'humidité; elles sont plus difficilement atteintes de la pourriture que dans les fosses ou *silos* souterrains, où, malgré toutes les précautions possibles, l'eau, et par suite la fermentation, pénètrent trop souvent. Quant aux carottes qu'on se propose de cultiver au printemps de l'année suivante comme porte-graines, on enlève les feuilles principales en laissant subsister celles du centre, du milieu desquelles doit sortir la tige florale. Au lieu de les conserver avec le gros de la provision dans les tas ou les silos, on creuse au pied d'un mur une fosse ou *jauge* où ces carottes sont placées debout, tout près les unes des autres; une légère couverture de litière ou de feuilles sèches, qu'on a soin d'enlever quand il ne gèle pas, les préserve du froid. Si quelques-unes d'entre elles sont atteintes d'un commencement de pourriture, ce qu'il est facile de constater en les visitant de temps à autre, on s'empresse de les éliminer pour arrêter les progrès du mal. C'est par les mêmes soins que doivent être conservés les navets de jardin, les uns pour la consommation en hiver, les autres comme porte-graines.

Les *choux* et les *choux-fleurs* sont ceux des légumes de nos jardins qui augmentent le plus de valeur par la conservation. Dans les années ordinaires, au moment de la récolte, le jardinier trouverait difficilement à les vendre 5 centimes la pièce; il les vend aisément 10 à 15 centimes lorsqu'il a su les conserver jusqu'à la fin de l'hiver. Le chou ne gèle que par un froid très-rigoureux et lorsque la gelée le surprend pénétré d'humidité. Si, par exemple, les choux frisés, dits choux de Milan ou choux de Savoie, restent en place en hiver, à chaque dégel, l'eau des pluies ou des neiges fondues s'introduit entre leurs feuilles; qu'il survienne une reprise subite de froid, et il y aura entre chaque feuille et la suivante un glaçon; au dégel, le chou ne tardera pas à pourrir. Pour les provisions considérables, cet inconvénient peut être évité par un procédé d'une extrême simplicité. En arrachant chaque chou, on creuse à la place qu'il vient d'occuper un trou d'environ 1 décimètre en tous sens; le chou est posé sur ce trou, la tête en bas, la racine en l'air. De cette manière, l'eau ne peut s'introduire entre ses feuilles, ce qui suffit pour le préserver de la principale cause de détérioration par suite des fortes gelées. Ce procédé n'est praticable que lorsqu'on n'a pas besoin de travailler en hiver le terrain dans lequel les choux ont été plantés. Habituellement, dans les jardins potagers de dimensions moyennes, les choux sont arrachés en automne pour laisser le sol disponible; on les débarrasse des feuilles extérieures plus ou moins endommagées; ils sont ensuite disposés dans une cave saine ou dans un cellier à l'abri de la gelée, où leurs racines sont plantées dans du sable frais. Ils se conservent aussi très-bien lorsqu'à défaut d'une cave ou d'un cellier on les met en jauge, tout près les uns des autres, dans une situation bien abritée; il faut, dans ce cas, avoir soin de jeter pardessus de la litière ou des feuilles sèches, moins pour les préserver du froid, qu'ils redoutent peu en lui-même, que pour empêcher la neige et les pluies froides de les pénétrer et de les rendre accessibles à la gelée. Les jardiniers les plus soigneux placent au-dessus de leurs choux mis en jauge, au pied d'un mur ou d'une haie, un toit en appentis, formé de perches ou de branchages inclinés, sur lequel on jette de vieux paillassons ou de la litière, chaque fois que l'état de la température semble l'exiger.

Plusieurs procédés sont pratiqués pour la conservation des choux-fleurs, qui peuvent doubler et tripler de valeur lorsqu'ils ne sont vendus qu'en plein hiver. Beaucoup de jardiniers, après avoir enlevé les racines et la plus grande partie des feuilles de leurs choux-fleurs d'arrière-saison, les suspendent, la tête en bas, dans un lieu sec. Au bout d'un certain temps ils deviennent mous et flétris, sans se détériorer autrement. La veille du jour où ils doivent être vendus, on fait tremper pendant quelques heures le bout des tiges dans de l'eau fraîche, ce qui les fait revenir à leur premier état; ils sont alors *habillés* pour la vente, c'est-à-dire qu'on enlève le bas de la tige et les côtes des feuilles, à l'exception des plus rapprochées de la pomme. Il résulte de l'emploi de ce moyen de conservation une véritable fraude à l'égard de l'acheteur; car, le plus souvent, le chou-fleur ainsi conservé, bien qu'il présente la meilleure apparence, est tellement filandreux lorsqu'il est cuit, qu'il est à peine mangeable. Il n'en est pas de même lorsque les choux-fleurs arrachés avec toutes leurs racines et toutes leurs feuilles, qu'on doit se borner à raccourcir d'environ la moitié de leur longueur, sont plantés dans de la terre sèche ou du sable frais, soit à la cave, soit dans un cellier; leur végétation, dans ce cas, n'est pas interrompue; on peut en perdre quelques-uns, mais ceux qui restent sont aussi frais et aussi bons qu'ils pouvaient l'être au moment de l'arrachage.

Parmi les *salades*, les chicorées frisées et les scaroles supportent très-bien une conservation assez prolongée, soit en jauge, soit à la cave, comme les choux; il faut les visiter fréquemment, car une seule salade gâtée propage rapidement la corruption dans toute une provision. Ce genre de salade se conserve mieux quand sa racine est placée dans du sable frais que lorsqu'elle est plantée dans la terre, même très-saine.

Pour conserver des *artichauts* pendant une partie de l'hiver, il faut arracher entiers, avec toutes leurs racines et toutes leurs feuilles, quelques-uns des pieds qui ont formé leurs têtes le plus tard à l'arrière-saison. Le meilleur emplacement, pour les transplanter dans du sable frais, est un hangar ouvert du côté du midi, ou bien, à défaut d'un semblable local, le pied d'un mur d'espalier, à une exposition méridionale. Ce procédé, le seul qui puisse prolonger la consommation des artichauts jusqu'au milieu de l'hiver, est peu pratiqué à cause de la place considérable que doivent occuper les pieds d'artichauts ainsi conservés; il n'est réellement applicable qu'à la conservation d'une partie de la provision d'hiver d'un ménage.

Les *melons* cueillis en septembre un peu avant leur maturité sont suspendus, par un bout de leur queue conservé à cet effet, au plafond d'un grenier ou d'une écurie, après qu'on les a revêtus d'une enveloppe de paille sèche. Ils mûrissent plus vite dans l'écurie que dans le grenier, à cause de la douceur de la température résultant du séjour des animaux. Les melons conservés au grenier mûrissent plus tard; dans tous les cas, ils doivent être livrés à la consommation avant les fortes gelées qui les détruisent. D'ailleurs, les melons, même très-bons et parfaitement mûrs, ne sont pas d'un usage très-sain en hiver; il n'est point à regretter qu'ils ne puissent se conserver jusqu'à la fin de la mauvaise saison. La conservation des melons est applicable surtout à ceux de ces fruits dont la végétation a été contrariée par la température de l'automne, ainsi qu'il arrive assez souvent sous le climat de Paris; en leur appliquant le procédé très-simple indiqué ci-dessus, on n'éprouve pas le désagrément de perdre ceux qui n'ont pas pu mûrir avant les premiers froids. Dans le midi de la France, la douceur du climat permet de conserver de cette manière des melons à écorce lisse, à chair blanche ou verte, pendant tout l'hiver. La variété qui se conserve le mieux est connue sous le nom de *melon de Cavaillon :* ce melon mûrit difficilement et imparfaitement hors de nos départements les plus méridionaux.

CHAPITRE X.

Plantes d'ornement de pleine terre.

Fleurs de collection. — Pensées. Semis. Boutures. — Renoncules. Semis. Plantation. Griffes reposées. — Anémones. — Tulipes. Plantation des oignons. Caïeux. Variétés de choix. — Jacinthes. — Œillets; de collection ou flamands; communs de jardin. Marcottes. — Dahlias. Conservation des tubercules. — Rosiers. Leurs divers emplois pour la décoration des jardins. — *Plantes d'ornement annuelles et bisannuelles.* — Repiquages. — *Plantes vivaces.* Principales espèces.

Toutes les plantes d'ornement de pleine terre qui peuvent croître sous le climat de la France sans le secours de la serre ou de l'orangerie sont du domaine du jardinage d'agrément, tel que tout le monde peut le pratiquer à la campagne, avec très-peu de dépense et beaucoup de plaisir, sans parler du profit. Celui que peut donner la vente des fleurs coupées pour bouquets de bal ou de fête, dans le voisinage des villes, n'est point à dédaigner. Les plantes de cette série sont comprises dans trois divisions principales, les *fleurs de collection*, les *plantes d'ornement annuelles* et *bisannuelles* et les *plantes vivaces.*

Fleurs de collection. On désigne sous le nom de *fleurs de collection* celles qui, dans une seule espèce d'un seul genre, donnent un très-grand nombre de variétés et sous-variétés suffisamment distinctes les unes des autres. Les fleurs de collection de pleine terre les plus recherchées en France sont les *pensées*, les *renoncules*, les *anémones*, les *tulipes*, les *jacinthes*, les *œillets*, les *dahlias* et les *roses*.

Pensées. Les *pensées* se multiplient de semis et de boutures : le premier mode est le plus usité. On peut compter sur un très-beau mélange, d'une floraison très-prolongée du plus brillant effet, lorsqu'on ne sème que des graines provenant de fleurs d'élite, bien que les semis ne reproduisent pas exactement les fleurs des plantes sur lesquelles la graine a été récoltée. On exige d'une belle pensée, pour qu'elle soit jugée digne de figurer dans la collection, qu'elle réunisse les qualités suivantes : une corolle ample, ayant au moins le diamètre d'une pièce de cinq francs, aussi parfaitement ronde que possible; un *masque*, c'est-à-dire un centre de couleur claire, marqué dans toutes les directions de rayons divergents de couleur foncée; les deux pétales supérieurs soit entièrement d'une nuance foncée, soit marqués d'une grande tache avec un bord de nuance claire; enfin, une tige aussi verticale que possible. En effet, si la queue de la fleur incline en avant, on ne peut la voir qu'à l'envers; si elle incline en arrière, la poussière, la pluie et l'eau des arrosages ternissent immédiatement sa fraîcheur. On sème la graine de pensées en pleine terre, sur une plate-bande garnie de terreau, vers le milieu de l'été. Le jeune plant né de ces semis montre déjà ses fleurs en automne, ce qui permet d'éliminer les plantes défectueuses. Les autres donnent une splendide floraison pendant toute la belle saison de l'année suivante, pourvu qu'on les arrose abondamment.

On multiplie de bouture les pensées d'un mérite supérieur, qu'on peut craindre de ne pas conserver dans toute leur perfection par le semis de leurs graines. Les boutures se font en pleine terre, dans une position ombragée, sous cloche, ou, à défaut de cloche, sous un simple pot renversé qu'on soulève pour donner de l'air et qu'on enlève tout à fait dès que les boutures sont suffisamment enracinées. Le plant de bouture se met en place à $0^m,25$ en tout sens pour former des massifs; le plus souvent, on s'en sert pour regarnir les vides causés dans les planches de pensées par l'élimination des fleurs défectueuses.

Renoncules. Les *renoncules* forment, comme les pensées, de beaux massifs, de couleurs variées, d'un très-bel effet; les collections se composent de fleurs, non pas doubles, mais seulement semi-doubles, qui portent toutes des graines fertiles. Ces graines, comme celles des pensées, ne reproduisent pas exactement la fleur d'où elles proviennent; mais le semis de graines récoltées sur des fleurs de choix donne toujours de très-belles renoncules. Les nuances claires, et les nuances foncées qui comprennent le pourpre presque noir, peuvent être obtenues ainsi en nombre à peu près égal.

On sème au printemps la graine de renoncules dans des terrines remplies de bouse de vache desséchée et pulvérisée; on mouille modérément et l'on obtient des plantes très-petites dont les tubercules ou *griffes* n'ont chacun pas plus de deux ou trois doigts. Dès que les feuilles jaunissent, on cesse d'arroser; quand le contenu des terrines est parfaitement sec, on le passe au travers d'un crible pour isoler les jeunes griffes qu'on plante en pleine terre, dans une plate-bande ombragée, à 4 ou 5 centimètres les unes des autres; elles y grossissent rapidement et portent fleur l'année suivante.

Les griffes toutes formées se plantent en mars ou en avril, dans une plate-bande profondément labourée, amendée avec du terreau seulement; elles ne supportent pas le contact du fumier frais. On les arrache quand les feuilles se flétrissent après que la plante a fleuri; lorsqu'on sème tous les ans, on est assez bien approvisionné en griffes pour pouvoir ne planter chaque année que la moitié de la collection, dont l'autre moitié reste dans l'armoire. Les griffes *reposées*, selon l'expression reçue, donnent une plus belle floraison que celles qu'on plante tous les ans sans interruption.

Anémones. Les *anémones* se multiplient et se cultivent exactement comme les renoncules; leurs couleurs sont moins vives et moins variées, mais leur forme est plus élégante. Elles craignent comme les renoncules le fumier récent.

Tulipes. Les *tulipes* sont multipliées exclusivement par leurs *caïeux*, ou petits oignons qui se forment tous les ans autour des grands, et qu'on sépare au moment où les oignons sont arrachés après la floraison. On pourrait aussi les multiplier de semis; mais, d'une part, le plant de semis fait attendre ses fleurs pendant de longues années : de l'autre, il s'y trouve à peine *une* bonne fleur ou deux sur *mille*. Les oignons de tulipe, comme toutes les plantes bulbeuses, meurent au contact du fumier, même lorsqu'il est à demi consommé; on ne peut donner que du terreau à la terre où on les cultive. Comme ils ne redoutent pas le froid, on les plante en septembre; ils fleurissent de bonne heure au printemps. Les amateurs qui possèdent des collections de tulipes du premier choix en forment des planches qu'ils abritent sous des tentes afin de jouir plus longtemps de leur floraison. Le *feu d'Austerlitz*, le *drap d'or* et les autres variétés recherchées se vendent à des prix élevés; mais comme les caïeux sont toujours en nombre surabondant, il est facile, avec un peu de persévérance, de se former à peu de frais une belle collection.

Jacinthes. Les *jacinthes* se cultivent comme les tulipes, avec cette seule différence que leurs oignons sont sensibles au froid et ne sont plantés généralement qu'au printemps. On peut néanmoins les planter en automne; mais, dans ce cas, il faut bien se garder de les couvrir pendant les gelées avec du fumier ou même avec de la litière ayant séjourné sous des bestiaux; on ne doit les abriter qu'avec des feuilles sèches ou de la paille brisée, mais non pas imprégnée d'urine de bétail. Les oignons de jacinthe doivent, ainsi que ceux de tulipes, être plantés tous les ans; ils ne peuvent pas se reposer une année sur deux, comme les griffes d'anémones et de renoncules.

Œillets. Les *œillets* cultivés dans le parterre sont rangés dans deux séries distinctes; la première comprend les *œillets de jardin*, et la seconde les *œillets flamands*, seuls considérés comme *œillets de collection*. Parmi les œillets de jardin, les plus estimés sont l'*œillet Joseph* rouge et blanc, le *blanc pur*, le rouge foncé, connu sous le nom d'*œillet à ratafia*, l'*œillet de Condé*, fond jaune clair liséré de rouge, l'*œillet remontant* à tige ligneuse, connu sous le nom d'*œillet de bois*, enfin l'*œillet mignardise*, de diverses nuances, principalement utilisé comme bordure. Tous ces œillets se multiplient de *marcottes*. Pour marcotter l'œillet, on déchausse le pied de la plante vers la fin de l'été, de manière à former un bassin circulaire dans lequel on range les pousses annuelles à des distances égales entre elles. On pratique une légère incision sur un ou deux des nœuds inférieurs de chaque pousse, après quoi le tout est rechargé de terre, de manière à ne laisser au dehors que les extrémités des pousses, dont on raccourcit les feuilles à la moitié de leur longueur. Au printemps de l'année suivante, chaque marcotte s'est enracinée; elle peut être détachée de la plante mère; on a donc autant de touffes d'œillets que l'on fait de marcottes.

L'*œillet de collection* ou *œillet flamand* est plus délicat que l'*œillet de jardin;* il réclame quelques soins particuliers de culture. Pour admettre un œillet flamand dans la collection, on exige qu'il ait une ou deux nuances foncées, bien tranchées, en bandes longitudinales, sur fond d'un blanc pur; que ses pétales soient exempts sur leurs bords de toute échancrure ou découpure, que l'ensemble soit d'une forme bombée au centre, presque demi-sphérique, et que le calice soit parfaitement exempt de fente ou crevasse latérale : les œillets qui réunissent ces qualités sont rares et d'un prix comparativement élevé, parce qu'ils ne donnent qu'un petit nombre de pousses propres à faire des marcottes. Ces pousses ne naissent pas au pied de la plante; elles se développent sur les nœuds de la tige florifère, laquelle, étant longue et faible, doit être soutenue par un tuteur. On attache à ce tuteur un petit pot fendu latéralement où l'on introduit la pousse à marcoter, après quoi le pot est rempli de terre tenue constamment humide. Ce procédé ne réussit pas toujours ; les marcottes sont d'ailleurs préparées et incisées comme celles d'œillets de jardin pour le marcottage en pleine terre.

Dahlias. Les *dahlias* ne sont à leur place que dans les jardins d'une certaine étendue : on les multiplie par la division de leurs tubercules et par la greffe d'une jeune pousse herbacée sur un tubercule. On sème aussi la graine de dahlia, mais seulement dans l'espoir d'obtenir de nouvelles variétés. Les tubercules sont placés au printemps sous un châssis ou *germoir*, afin qu'ils soient assez avancés en végétation à l'époque où la température permet de les mettre en place à l'air libre, vers le milieu du mois de mai. Après la floraison, à la fin de l'automne, on arrache les tubercules pour les conserver dans un local à l'abri du froid et de l'humidité. Il ne faut laisser à chaque plante de dahlia qu'une seule tige, qu'on fixe à un solide tuteur, pour en obtenir une touffe élégante, d'une belle floraison. Dans les collections, on assortit, pour en former des massifs, les dahlias de diverses couleurs, en plaçant sur les bords les plus petits et au centre ceux dont les tiges sont les plus élevées.

Rosiers. Les *rosiers* ont produit par la culture une multitude de variétés ; les collections les plus riches n'en comptent pas moins de 1,500. Dans les jardins, les rosiers peuvent recevoir toute sorte de destination. Les grandes espèces rustiques, telles que les rosiers *à cent feuilles*, *blanc d'York*, *remontant* ou *des quatre saisons*, forment de gros buissons qui viennent partout et ne réclament aucun soin de culture; les *rosiers de Damas*, plus connus sous leur nom vulgaire de *rosiers de Provins*, à fleurs semi-doubles, sont précieux pour les pétales de leurs fleurs qui figurent parmi les plantes médicinales; les rosiers *Boursault, Bougainville* et de *Banks*, à rameaux sarmenteux, sont propres à couvrir des berceaux ou à garnir les treillages pour masquer des pans de murs d'un aspect peu agréable; les *rosiers du Bengale*, à floraison perpétuelle, tiennent leur place dans les parterres de dimensions moyennes; les rosiers de l'Inde et de la Chine, plus sensibles au froid, veulent être taillés en automne, au collet de la racine, qui seule est vivace, tandis que les rameaux sont seulement annuels. La petitesse de leurs dimensions et l'abondance de leur floraison essentiellement remontante les rendent particulièrement propres à décorer les parterres de très-peu d'étendue. Les grandes collections sont principalement composées de rosiers de l'*île Bourbon*, et d'autres espèces d'élite, greffés sur églantier à haute tige. Ces rosiers tiennent peu de place dans le parterre, et quand leur floraison est passée, on peut attacher à leur tige droite et nue des *pétunia* ou d'autres plantes florifères.

Plantes d'ornement annuelles et bisannuelles. Les *plantes d'ornement annuelles* de pleine terre se sèment tous les ans, pour la plupart en place. Toutes n'ont pas pour fonction de décorer le parterre; plusieurs d'entre elles, spécialement le *réséda* et le *mimulus musqué*, n'ont qu'une floraison tout à fait insignifiante; on les multiplie uniquement à cause de leur parfum; elles restent en fleurs du printemps à l'automne. Aux environs de Paris et des autres grandes villes, le réséda n'est plus seulement une plante d'ornement; on lui consacre *des hectares entiers*, pour en vendre la fleur aux fabriques de parfumerie qui la payent à un prix élevé. Les plantes annuelles semées en place demandent à peu près toutes les mêmes soins; on sème leur graine depuis la fin de février jusqu'à la fin d'avril, selon que les espèces sont plus ou moins sensibles au froid; les principaux semis se font du 10 au 25 mars. Les graines très-fines n'ont pas besoin d'être enterrées; celles de pavot, par exemple, sont semées à la surface du sol, puis on répand par-dessus un peu de terreau ou de terre sèche pulvérisée. On forme de distance en distance d'élégantes pyramides en plantant cinq ou six baguettes de 1 mètre 50 à 2 mètres de long, réunies au sommet par un lien d'osier. Dans l'intérieur du cône formé par ces baguettes, on sème des graines de *volubilis*, de *pois de senteur*, de *capucine* et de *haricot d'Espagne*. Ces plantes grimpantes forment en été des pyramides couvertes de fleurs diversement colorées, du plus gracieux effet. Parmi les plantes annuelles dont les graines se sèment en place et qu'il est possible de se procurer à peu de frais, il en est beaucoup qui n'ont pas de noms vulgaires, étant d'introduction assez récente; les plus agréables sont les *schizanthes*, les *mimulus*, les *rhodanthes*, les *salpiglossis*, la *viscaria oculata*, l'*eutoca*, la *clarkie élégante* et les *brachycomes*. Ces plantes, une fois levées, veulent seulement être éclaircies et arrosées au besoin. On sème en bordures, d'un effet très-riche dans les grands parterres, le *pied-d'alouette nain* et la *julienne de Mahon*. Cette dernière plante, pourvu qu'on la coupe au niveau du sol avant qu'elle ait formé sa graine, est remontante; on en peut obtenir une seconde et même une troisième floraison dans le cours de l'été.

Plusieurs plantes d'ornement annuelles ne se sèment pas en place; on sème leur graine en pépinière, au printemps, sous châssis ou simplement sur une costière au pied d'un mur au midi, garni d'un décimètre de terreau. Les *coréopsis*, les *balsamines*, les *asters reine-Marguerite*, les *pétunias* et les *tagètes* ou *œillets d'Inde* sont spécialement soumis à ce genre de culture; semées en place, ces plantes fleuriraient moins bien et beaucoup plus tard. Lorsqu'on les arrache pour en former des touffes en les transplantant dans le parterre, on a soin de conserver la motte de terreau adhérente aux racines; elle aide à la reprise de la plante et contribue à la beauté de sa floraison.

D'autres plantes d'ornement sont *bisannuelles;* le plant obtenu de semis au printemps est repiqué et élevé en pépinière pour fleurir dans le parterre l'année suivante. Tels sont principalement les *œillets de poëte* ou *bouquets tout faits*, les *roses trémières,* dont on a des variétés de nuances très-diverses, la *grande campanule* ou *carillon*, les *pentstemons*, les *juliennes* et les *mathioles*, plus connues sous leur nom vulgaire de *giroflées* rouges, blanches, violettes et panachées. Toutes ces plantes passent l'hiver en pleine terre, pourvu qu'on leur donne pendant les grands froids un léger abri de litière sèche ou de paillassons.

Plantes vivaces. Les *plantes vivaces d'ornement* de pleine terre se multiplient les unes par le semis de leurs graines, les autres par la division de leurs touffes; les plus répandues sont les *digitales*, les *aconits,* les *delphiniums*, les *pivoines* et les *phlox*. Bien que ces plantes puissent vivre pendant un nombre d'années indéterminé, pour en obtenir une belle floraison il faut dédoubler les vieilles touffes tous les deux ans au moins, et renouveler la terre épuisée par le séjour trop prolongé de leurs racines vivaces.

Les parterres bien tenus sont encore embellis en été par des plantes d'un très-bel effet ornemental, qui, sous notre climat, ne peuvent passer l'hiver à l'air libre, mais qui hivernent très-bien dans une cave saine, suffisamment éclairée, ou dans une chambre non habitée, où la gelée ne peut les atteindre. Ces plantes, dont les plus répandues sont les *géraniums* (*pelargoniums*), les *fuchsias* et les *calcéolaires*, coûtent fort cher; mais le goût des plantes d'ornement est tellement répandu, qu'on a toujours à sa portée un amateur obligeant qui se fait un plaisir d'en donner des boutures à ses voisins. On peut, par le même procédé, se composer d'élégants massifs de *caladium*, de *canne d'Inde,* de *wigandia*, de *ricin,* et d'autres plantes à feuillage ornemental, admises actuellement avec les plantes vivaces de pleine terre propres à notre climat. Pour la multiplication de bouture, rien n'est meilleur que les grands verres à boire; ceux qui sont fêlés ou ébréchés sont aussi bons que les autres. La bouture doit être plantée dans la terre de bruyère pure ou mêlée de sable fin, à l'entrée de l'automne; elle peut être plantée à demeure dans le parterre, au retour du printemps. Dans les cantons où l'on peut se procurer facilement de bonne terre de bruyère, on peut ajouter au parterre un massif de *rhododendrons*, d'*azalées* et d'*andromèdes*, arbustes à très-belle floraison de printemps.

CHAPITRE XI.

Plantes médicinales.

Étendue de leur culture. Espèces les plus usitées. — *Guimauve.* Plantation. Arrachage et dessiccation des racines. — *Mauve à feuilles rondes.* Récolte des fleurs. Dessiccation des feuilles. — *Violette.* Semis naturels. Plantation. Dessiccation des fleurs. — *Bourrache.* Semis naturels. Semis en lignes. Récolte et dessiccation. — *Pavot somnifère.* Semis en place. Récolte des têtes. Emploi de la graine. — *Menthe poivrée.* Multiplication. Récolte et dessiccation. — *Camomille romaine.* Récolte des fleurs ; leurs propriétés. — *Mélisse.* Mélisse proprement dite ; dracocéphale de Moldavie : leur emploi à l'état frais, à l'état sec. — *Sauge.* Récolte des feuilles. — *Absinthe* : cultivée en grand pour la distillation ; terrains et expositions qui lui conviennent. — *Saponaire.* Préparation et dessiccation des racines. — *Douce-amère.* Préparation et dessiccation des tiges.

Le climat moyen de la France permet de cultiver un assez grand nombre de plantes médicinales dont la présence dans le jardin attenant à la demeure de l'habitant des campagnes est d'une incontestable utilité, soit pour la médecine domestique, à l'usage de la famille et des voisins, soit pour la vente, quand le débouché en est assuré.

L'espace que les plantes médicinales doivent occuper dans le jardin est déterminé par la possibilité d'en tirer parti. Loin des villes, là où cette possibilité n'existe pas, quelques touffes des plantes médicinales les plus usuelles sont plus que suffisantes; dans le voisinage des villes, ces mêmes plantes peuvent être cultivées sur une échelle proportionnée à la facilité de les bien vendre. Les plus usitées, celles dont le commerce de la droguerie demande chaque année un approvisionnement assez considérable, sont la *guimauve*, la *mauve à feuilles rondes*, la *violette*, la *bourrache*, le *pavot somnifère*, la *menthe poivrée*, la *camomille romaine*, la *mélisse*, la *sauge*, l'*absinthe*, la *saponaire* et la *douce-amère*.

Guimauve. On multiplie la *guimauve* uniquement par la division des touffes au printemps; on pourrait aussi la multiplier de semis, mais ce mode de propagation ferait perdre beaucoup de temps et la perte ne serait compensée par aucun avantage. La guimauve se contente d'un sol médiocre, pourvu qu'il soit suffisamment profond; les terres légères lui conviennent mieux que les terres fortes; il lui faut une dose modérée d'engrais très-consommé; il importe au succès de sa culture que la terre ait été profondément défoncée. Les rejetons enracinés sont mis en place à $0^m,20$ ou $0^m,25$ en tout sens; cet espacement est suffisant parce que les racines, quoique très-volumineuses et le plus souvent très-longues, plongent perpendiculairement dans la terre et ne s'étendent pas latéralement. On arrache la guimauve au printemps ou en automne, mieux à cette dernière époque. Bien que la gelée ne puisse l'endommager, la guimauve serait exposée en hiver, lorsqu'il ne gèle pas, aux attaques des petits rongeurs, qui pourraient en détruire une partie. La tige fleurie et les feuilles de la guimauve peuvent être employées comme plante médicinale émolliente, en raison du mucilage abondant qu'elles contiennent; mais le retranchement de ces parties nuit plus ou moins au développement de la racine, en vue de laquelle la plante est principalement cultivée, et comme les autres plantes émollientes au même degré que la guimauve ne manquent pas, on néglige habituellement la tige et les feuilles, afin d'obtenir le plus possible de racines. Après les avoir lavées et épluchées, on les dépouille de leur écorce, puis on les suspend par bottes peu serrées dans un local bien aéré pour en opérer la dessiccation; c'est en cet état qu'elles sont livrées au commerce. On n'arrache qu'au printemps les touffes qu'on se propose de diviser pour la multiplication.

Mauve à feuilles rondes. La culture de cette plante est la même que celle de la guimauve; elle se plaît dans les mêmes terres, se multiplie de même et réussit dans les mêmes conditions. Les feuilles et les fleurs sont également utiles; les feuilles, soit fraîches, soit sèches, s'emploient en cataplasmes ou en décoction pour bains généraux ou locaux. On fait la récolte des fleurs en été tous les deux jours, tant que dure la floraison, qui se prolonge pendant plus de deux mois. On les fait sécher à l'ombre; elles prennent par la dessiccation une belle nuance d'un violet foncé; on les emploie en infusion pectorale contre les rhumes et les affections des voies respiratoires. Les feuilles, dont les queues sont assez longues, sont rassemblées par paquets et séchées à l'ombre.

Violette. La meilleure espèce de *violette* à cultiver pour l'usage médical est la *violette de Parme* remontante, qui donne, après une floraison abondante au printemps, quelques fleurs en été et une seconde floraison en automne. Les terres naturellement fraîches et les situations ombragées conviennent particulièrement à la violette; on peut la planter en bordures ou bien en remplir des plates-bandes, en espaçant les touffes à 0m,25 ou 0m,30 en tout sens. Les plantations doivent être renouvelées tous les deux ou trois ans, soit par la division des touffes, soit en utilisant le plant, toujours abondant en automne, par les semis naturels des graines, qui, lorsque les capsules s'ouvrent, se répandent autour des touffes sur le sol et germent immédiatement. On plante en général de bonne heure en automne, dans le courant de septembre, afin que les jeunes plantes aient pris de la force pour fleurir abondamment au printemps de l'année suivante. Lorsqu'on récolte les fleurs en vue de les faire sécher pour la vente, il faut retrancher les queues au niveau du calice; les violettes ainsi épluchées sont étendues sur des toiles propres, dans un local bien aéré : elles doivent être souvent remuées pour empêcher qu'elles ne s'échauffent et hâter leur dessiccation. Il faut les conserver dans un lieu très-sec, car elles attirent aisément l'humidité de l'air: auquel cas elles moisissent et perdent toutes leurs propriétés médicales. On emploie les fleurs de violette comme les fleurs de mauve, en infusion pectorale, soit seules, soit associées aux fleurs sèches de bouillon blanc et de coquelicot.

Bourrache. On ne multiplie la *bourrache* que par le semis de ses graines; dans les jardins où la plante a été une fois cultivée, elle se conserve à perpétuité par les semis naturels, ce qui suffit quand on en veut faire seulement une petite provision pour l'usage domestique; on la sème régulièrement en lignes quand on veut la multiplier en grand pour la vente. Toute bonne terre de jardin convient à la bourrache : on peut semer soit au printemps, soit en automne; les semis d'automne sont ceux qui donnent les meilleurs résultats. On coupe la plante pour la faire sécher vers le milieu de l'été, lorsqu'elle est en pleine fleur; il faut la lier en paquets de la grosseur du poing, dont on forme des guirlandes qu'on suspend pour que l'air agisse sur elles dans toutes les directions; il importe que la dessiccation soit prompte pour que la plante conserve toutes ses propriétés. La bourrache est principalement utilisée en infusion comme sudorifique, dans les cas de rougeole, de scarlatine ou d'autres éruptions fréquentes chez les enfants.

Pavot somnifère. Le *pavot somnifère* à fleur simple blanche, dont les têtes donnent par incision l'opium dans les pays de l'Orient, est cultivé comme plante médicinale pour ses *têtes* ou capsules renfermant la graine. La culture du pavot ne réussit que dans un sol riche, profond, abondamment fumé : on sème en place, au printemps, vers le milieu d'avril, en lignes espacées entre elles de $0^m,40$. Quinze jours après que le plant est sorti de terre, on éclaircit pour que les plantes se trouvent environ à $0^m,25$ dans les lignes. Les têtes ne doivent être récoltées que quand la graine est parfaitement mûre; cette graine contient autant d'huile que celle du pavot œillette : son huile est comestible, sans aucune propriété somnifère; on peut par conséquent, lorsqu'on relie en bottes les têtes de pavot pour les livrer au commerce, les secouer pour faire tomber la plus grande partie de la graine et en extraire l'huile.

Menthe poivrée. Cette plante est vivace et ne se multiplie que par la division des touffes au printemps; elle se plaît dans les terrains naturellement frais et veut être largement arrosée pendant tout l'été. La plante donne une multitude de rejetons et forme des touffes très-volumineuses; on doit espacer le plant à $0^m,40$ en tout sens. Le moment favorable pour la récolte est celui où les sommités des tiges commencent à fleurir; récoltée plus tard, la menthe, en se desséchant, perd presque toutes ses feuilles et ne conserve que ses tiges, ce qui diminue sensiblement ses propriétés médicales. L'infusion de menthe est stomachique et sudorifique; elle est, comme la camomille, très-usitée dans les cas d'indigestion. Dans les jardins au sol très-frais, on peut transplanter au printemps quelques touffes de menthe à feuilles rondes, variété connue dans les campagnes sous le nom de *baume;* on la rencontre partout sur le bord des ruisseaux et des étangs. Ses propriétés sont les mêmes que celles de la menthe poivrée. La menthe à feuilles rondes est vivace ; elle reste à perpétuité dans le terrain dont elle a une fois pris possession.

Camomille romaine. Cette plante, par la multitude de ses jolies fleurs blanches doubles, est à la fois plante d'ornement et plante médicinale. Elle ne réussit que dans les terres calcaires très-chaudes et très-sèches. On la multiplie par la division des touffes au printemps. La floraison dure environ trois mois ; les fleurs doivent être récoltées tous les deux ou trois jours, lorsqu'elles sont pleinement ouvertes, sans attendre que leur blancheur se ternisse et qu'elles commencent à se flétrir. On les fait sécher à l'ombre pour les conserver à l'abri de l'humidité. L'infusion de fleurs de camomille romaine est très-usitée dans les cas d'indigestion.

Mélisse. On cultive pour l'usage médical deux variétés de *mélisse :* la *mélisse proprement dite* et le *dracocéphale de Moldavie.* Ces deux plantes, désignées l'une et l'autre sous le nom de *mélisse*, sont vivaces et se multiplient par la séparation de leurs nombreux rejetons enracinés. Elles demandent une terre légère et substantielle et une exposition méridionale; mais il leur faut de fréquents arrosages en été. Lorsqu'on récolte la mélisse pour l'usage médical ou pour la parfumerie, il faut couper la plante avant qu'elle soit en pleine fleur. Les touffes se plantent, comme la menthe, à $0^{m},40$ en tout sens; la plantation doit être renouvelée tous les trois ans. Une grande partie de la mélisse est distillée à l'état frais; le reste est séché, comme la menthe, pour être employé en infusion aromatique antispasmodique.

Sauge. On cultive dans les jardins, comme plante médicinale, deux variétés de *sauge*, la grande et la petite, toutes deux douées des mêmes propriétés calmantes et antispasmodiques. Ces propriétés résident particulièrement dans les sommités fleuries et dans les feuilles. L'emploi médical de la sauge étant assez limité, il suffit d'en planter quelques bordures, le long des plates-bandes exposées au midi. La sauge demande avant tout un terrain sec; il ne faut l'arroser qu'avec modération et seulement pendant une sécheresse prolongée. On fait sécher sur des toiles, à l'ombre, les feuilles et les sommités fleuries de la sauge, cueillies au commencement de la floraison.

Absinthe. On multiplie l'*absinthe* par la division des touffes; cette plante, dont l'usage médical est assez limité, est au contraire employée en très-grande quantité par les distillateurs pour préparer la liqueur qui porte son nom. Les distillateurs préfèrent l'absinthe récoltée dans les terrains secs, élevés, en pente inclinée vers le sud. La plante se contente des terres les moins fertiles, pourvu qu'elles ne soient ni trop argileuses ni trop humides. La récolte se fait quand la plante est en pleine fleur. L'absinthe est vivace; les touffes doivent être dédoublées tous les deux ou trois ans, pour renouveler les plantations.

Saponaire. On rencontre la *saponaire* assez fréquemment dans les lieux incultes au sol frais et humide du centre et du nord de la France. Néanmoins, il est bon d'en avoir dans les jardins quelques touffes, qu'il faut avoir soin d'arroser souvent et largement pendant toute la belle saison. Les deux variétés cultivées, l'une à fleurs simples, l'autre à fleurs semi-doubles, jouissent des mêmes propriétés. Quoique toute la plante soit dépurative à un degré très-prononcé, on emploie principalement la racine, qu'on fend dans le sens de sa longueur, afin d'en faciliter la dessiccation. L'époque de l'arrachage est à la fin de l'automne.

Douce-amère. Les tiges sarmenteuses et grimpantes de la *douce-amère* sont souvent employées pour garnir des treillages de clôture ou des berceaux, à cause de l'effet ornemental de leurs jolies grappes de fleurs d'un violet foncé. Les racines sont vivaces et pour ainsi dire indestructibles dans un sol dont elles se sont une fois emparées. Les propriétés médicales de la douce-amère, analogues à celles de la saponaire, résident dans les tiges, que l'on fend dans le sens de leur longueur pour les faire sécher et les conserver sèches. On les récolte en automne, quand les baies qui succèdent aux fleurs passent du vert au rouge, indice de leur maturité.

Ces baies possèdent des propriétés narcotiques plus ou moins dangereuses; les tiges destinées à l'usage médical doivent être dépouillées de leurs feuilles ainsi que des baies qu'elles peuvent porter, puis fendues en long avant d'être séchées. La douce-amère se propage par la division de ses racines, qui végètent dans tous les terrains et à toutes les expositions avec la plus grande facilité.

CHAPITRE XII.

Destruction des animaux nuisibles.

Insectes. — Altise. Plantes qu'elle attaque. Moyen de prévenir ses ravages. — Chenilles. Exécution de la loi sur l'échenillage. Destruction des anneaux d'œufs de chenille. — Courtilière. — Criocère. — Fourmi. — Hanneton. Recherche et destruction de ses larves. Des hannetons parfaits. — Perce-oreille. — Pucerons. Puceron vert. Puceron lanigère, ennemi du pommier; coulinage. — Théridion. — *Mollusques.* — Limaces. — Limaçons. —Vers de terre. — *Oiseaux.* — Corbeau. — Moineau. — Linotte. — Chardonneret. — *Mammifères.* — Taupe. Heure à laquelle elle travaille. — Rat. — Loir et lérot. Piéges pour les prendre. Amorces de ces piéges.

La destruction des animaux nuisibles aux divers produits du jardinage est un des soins dont le jardinier doit le plus se préoccuper : ce n'est pas la peine, en effet, de produire de bons légumes pour la nourriture des chenilles, des graines potagères pour celle des oiseaux, et des fruits pour régaler les rats et les loirs. Le jardinier doit donc, par une surveillance attentive, préserver son jardin des atteintes d'un assez grand nombre d'animaux nuisibles appartenant à quatre classes différentes, celles des *insectes,* des *mollusques,* des *oiseaux* et des *mammifères.*

Insectes. Les insectes les plus nuisibles aux jardins, en France, sont l'*altise*, les *chenilles,* la *courtilière,* le *criocère,* la *fourmi*, le *hanneton,* le *perce-oreille*, les *pucerons* et le *théridion.*

Altise. L'*altise* (*fig.* 3), plus connue sous les noms vulgaires de *tiquet* et de *puce de terre*, parce qu'elle saute avec agilité comme la puce, offre une particularité qui semble au premier coup d'œil inexplicable. On sait que cet insecte vit exclusivement aux dépens des plantes cultivées ou sauvages de la famille des crucifères; si l'on sème des plantes de cette famille (*choux, choux-fleurs, navets, radis*) dans une terre où il n'existe pas une seule altise, dès que ces plantes commencent à lever, elles en sont couvertes; souvent, en peu de jours, il n'en reste pas de trace, et les semis doivent être renouvelés. Ce fait, dont on connaît aujourd'hui l'explication, tient à la rapidité avec laquelle l'altise subit ses transformations et se multiplie, dès qu'elle trouve à sa portée des aliments qui lui conviennent. Il y a dans les jardins tant de plantes propres à nourrir l'altise qu'elle s'y maintient toujours, bien qu'en trop petit nombre pour être remarquée; le peu d'individus qui envahissent une planche de plantes crucifères a bientôt produit une postérité si nombreuse, qu'elle semble être sortie de terre du jour au lendemain. Pour les semis de peu d'étendue, une forte infusion de tabac ou de mercuriale, sans tuer les altises, leur déplaît et les écarte : ces infusions ne font, d'ailleurs, aucun tort aux plantes cultivées. Mais le procédé le plus efficace de préservation, c'est de ne semer les graines des plantes crucifères que dans une terre fortement fumée, où elles peuvent prendre en peu de jours plusieurs jeunes feuilles, outre leurs feuilles séminales provenant de la transformation des cotylédons de la graine. Les mandibules ou mâchoires de l'altise sont trop faibles pour entamer les feuilles dès qu'elles ont pris un certain accroissement; si le développement des feuilles est rapide, les altises meurent inévitablement de faim. Avec cette précaution et celle d'extirper très-assidûment la mauvaise herbe qui pourrait servir de refuge à l'altise, jamais cet insecte ne devient assez nombreux pour exercer de grands ravages dans les jardins.

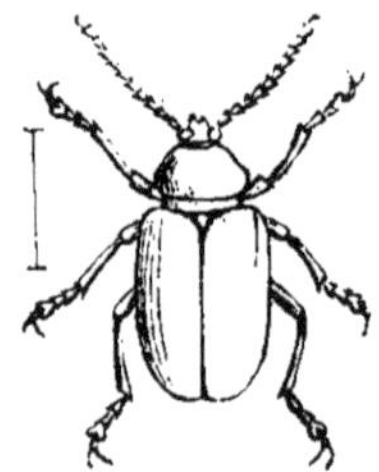
Fig. 3. Altise.

Chenilles. Les *chenilles* de plusieurs espèces de papillons appartenant au genre *phalène* causent assez souvent de grands dommages aux arbres fruitiers. Celles qui, pour passer l'hiver, s'enveloppent dans une toile qu'elles filent en commun sont facilement aperçues sur les rameaux dépouillés de leurs feuilles; on coupe et l'on brûle les branches enlacées dans les toiles renfermant des paquets de chenilles. Ce sont, pour ainsi dire, les seules qui puissent être généralement détruites par l'échenillage de printemps, que la loi rend obligatoire. Plusieurs papillons femelles déposent leurs œufs enduits d'une substance gluante autour des jeunes branches des arbres, en forme d'anneau ; à l'époque où le jardinier donne aux arbres fruitiers leur taille d'hiver, il doit rechercher avec soin ces anneaux, pour les enlever et les détruire : si quelques-uns lui échappent, il verra au printemps les chenilles nées des œufs composant ces anneaux se grouper le soir en tas, au point de jonction de deux branches, à l'entrée de la nuit : il les détruira sans peine en les arrosant d'eau de savon. Cette eau devra être seulement assez forte pour agir sur le tissu délicat des chenilles; si elle était trop caustique, il en pourrait résulter une plaie sur l'écorce de l'arbre, et, dans ce cas, le remède serait pire que le mal. Un lavage abondant à l'eau pure est toujours nécessaire sur la place de l'écorce où les chenilles viennent d'être tuées par l'eau de savon.

Courtilière. Les dégâts causés par la *courtilière* (*fig.* 4), aussi nommée *taupe-grillon*, tiennent à la manière dont elle donne la chasse aux larves d'insectes dont elle se nourrit, en les poursuivant entre deux terres, principalement dans l'intérieur des couches et dans les plates-bandes récemment fumées. L'insecte creuse à cet effet des galeries souvent d'une grande étendue, offrant en petit une analogie remarquable avec celles de la taupe. C'est en coupant les racines des plantes cultivées sur le passage de ses galeries

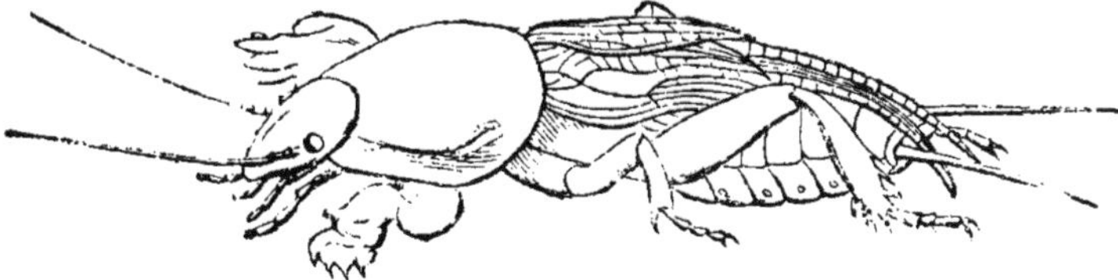

Fig. 4. Courtilière.

que la courtilière nuit aux jardins; car, du reste, elle ne se nourrit d'aucun des produits du jardinage. Lorsqu'on a reconnu les places fréquentées par les courtilières, on les fait périr en versant dans leurs galeries de l'eau mêlée d'un peu d'huile commune. Ce procédé est coûteux et n'est pas toujours d'un emploi facile; il vaut mieux, avant de semer ou de planter sur une couche ou une plate-bande infestée de courtilières, y verser quelques seaux d'urine chaude de vaches ou de chevaux; on détruit du même coup les vers de terre et les larves de divers insectes qui peuvent se trouver dans la terre ou la couche ainsi arrosée. Quand la courtilière envahit une couche en pleine culture, qu'on ne peut traiter par l'urine chaude de gros bétail, le meilleur moyen de destruction consiste à enterrer à fleur de terre des pots à fleurs sur le passage des galeries de l'insecte; il y tombe et n'a aucun moyen d'en sortir.

Criocère. Cet insecte, qui n'a pas de nom vulgaire, est heureusement assez rare; il attaque exclusivement les asperges, à la surface desquelles il dépose ses œufs; il n'y a d'autre remède que de rechercher ces œufs avec soin et de les écraser.

Fourmi. La petite *fourmi noire,* qui fréquente les jardins et même les maisons à la campagne, est aussi incommode que nuisible; elle envahit en automne les fruits mûrs attaqués par d'autres insectes, et recherche tout ce qui est sucré. S'il arrive que, par mégarde, on avale une ou plu-

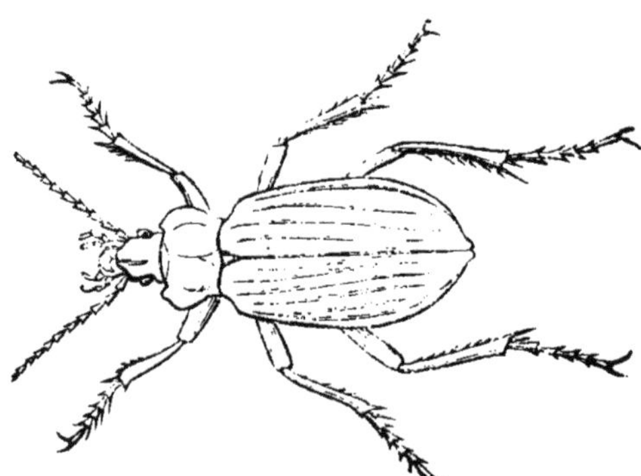

Fig. 5. Carabe doré.

sieurs fourmis cachées dans l'intérieur d'une poire, d'une pêche ou d'un abricot, indépendamment de la saveur révoltante de la fourmi, sa présence dans l'estomac peut donner lieu à des indispositions assez sérieuses.

A l'époque de la maturité des fruits, on attache aux branches des arbres des fioles remplies d'eau sucrée ou miellée ; les fourmis y entrent en foule et n'en peuvent plus sortir. Il faut en outre rechercher les fourmilières et y verser de l'eau bouillante à l'heure où toutes les fourmis rentrent chez elles pour passer la nuit.

On ne doit pas négliger de favoriser dans les grands jardins la multiplication du *carabe doré* (*fig.* 5), gros insecte vert et or qui fait à la fourmi une guerre assidue pour s'en nourrir.

Hanneton. Cet insecte est de ceux qui nuisent sous toutes les formes; il est surtout nuisible à l'état de larve connue sous les noms de *turc, man* ou *ver blanc* (*fig.* 6). Cette larve, qui vit trois ans sous terre avant d'en sortir à l'état d'insecte parfait, ronge les racines de plusieurs plantes potagères, ainsi que celles des rosiers et des jeunes arbres fruitiers; les racines de la laitue et celles du fraisier sont particulièrement de son goût. On ne peut donner la chasse au ver blanc avec beaucoup de chances de succès, bien qu'en labourant les plates-bandes, le jardinier ne doive pas négliger de tuer ceux qu'il met à découvert. Mais on peut, au printemps, secouer de bonne heure le matin les arbres chargés de hannetons, qui s'accrochent par leurs pattes à l'envers des feuilles et y passent la nuit dans un état d'engourdissement tel que, lorsqu'on les fait tomber à terre, ils ne peuvent s'envoler. Cette chasse, pratiquée partout en même temps et rendue obligatoire par la loi, comme l'échenillage, finirait par faire disparaître la race destructive du hanneton.

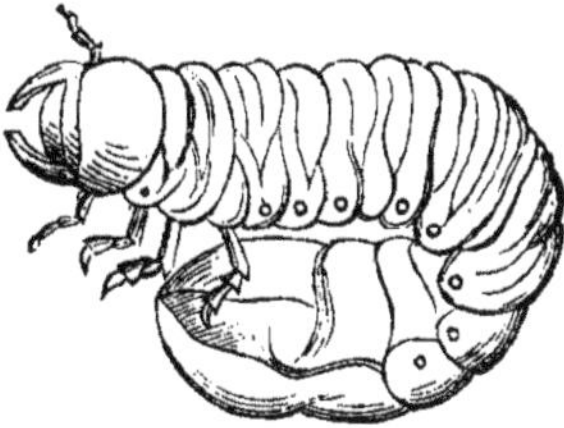

Fig. 6. Larve du hanneton.

Perce-oreille. Cet insecte, dont le vrai nom est *forficule*, attaque les fruits mûrs de même que la fourmi; il ronge aussi les boutons près d'éclore des œillets et de quelques autres plantes d'ornement. On s'en débarrasse en attachant aux arbres ou aux tuteurs des plantes des ergots de pied de veau ou de mouton, dont l'odeur les attire et où ils se rassemblent pour passer la nuit; il faut visiter ce genre de piége au point du jour pour enlever et détruire les perce-oreilles.

Pucerons. Les dégâts commis dans le potager par le *puceron vert*, qui attaque plusieurs plantes potagères et de plus toutes les espèces de rosiers, ne sont pas fort importants; lorsque ce puceron attaque les plantes porte-graines, spécialement les choux, navets et choux-fleurs, on les en délivre le matin à l'aide de quelques fortes bouffées de tabac; le même procédé de destruction est applicable au puceron vert du rosier. L'ennemi réellement redoutable des jardins, parmi les pucerons, est le *puceron lanigère*, fort différent du précédent. Il doit son nom au duvet laineux, d'un blanc de lait, dont tout son corps est couvert; il ne multiplie que sur l'écorce du pommier, où il cause en la suçant des plaies le plus souvent mortelles. Les divers liquides caustiques employés contre le puceron lanigère ont peu d'efficacité, parce que les poils du duvet de l'insecte s'opposent à ce que le corps lui-même puisse en être touché. Il n'y a de procédé certain de destruction que celui qu'on emploie dans les vergers de la Normandie sous le nom de *coulinage*. Ce procédé consiste à promener rapidement sur la surface des arbres en proie au puceron lanigère des torches de paille enflammées qui brûlent le duvet de l'insecte et le font périr, sans produire une chaleur assez forte et assez prolongée pour nuire sensiblement aux pommiers. Le *coulinage* doit être pratiqué vers le milieu de l'hiver, par un temps calme et sec, au moment où l'activité de la séve des arbres est le plus complétement suspendue.

Théridion. On connaît cet insecte sous son nom vulgaire d'*araignée de terre*. Le *théridion* attaque particulièrement les carottes récemment levées, qu'il pique au collet de la racine pour en sucer la séve sucrée, ce qui les fait périr. Une forte infusion de tabac répandue sur les planches infestées de théridions tue ces insectes sans nuire à la végétation des carottes. Bien que ce procédé coûte un peu cher lorsque plusieurs planches de carottes sont en proie aux théridions, on ne doit pas hésiter à l'employer, sans quoi il faudrait semer de nouveau, et la graine de carotte nécessaire pour renouveler les semis coûterait beaucoup plus cher que l'infusion de tabac.

Mollusques. Les mollusques les plus nuisibles aux produits du potager sont les *limaces*, les *limaçons* et les *vers de terre*.

Limaces. Les deux variétés de petites *limaces*, l'une grise, l'autre brune, sont le fléau des jardins, surtout dans les années humides. On ne peut pas, dans le potager, leur appliquer le moyen de destruction usité dans les grandes cultures, et qui consiste à saupoudrer de chaux récemment éteinte les champs infestés de limaces. Le procédé le plus efficace qu'on puisse opposer à leur multiplication désastreuse, c'est de déposer de distance en distance à plat, sur le sol des plates-bandes, des feuilles de chou ou de laitue. Dès que la chaleur du jour commence à se faire sentir, les limaces, en partie pour leur nourriture, en partie pour s'abriter contre les rayons du soleil, vont s'attacher à la surface inférieure de ces feuilles, où il est facile de les ramasser pour les détruire. On peut avec avantage les faire consommer par la volaille, qui se trouve bien de cet aliment, pourvu qu'on ne lui en donne pas trop à la fois.

Limaçons. L'instinct qui porte les *limaçons* à se mettre en route pour chercher leur nourriture le matin au lever du soleil, ou durant le jour après la pluie, rend leur recherche et leur destruction assez faciles. On doit surtout leur faire la chasse quand les arbres fruitiers commencent à prendre leurs feuilles : c'est l'époque de l'année où ils sont le plus nombreux, et où il est le plus facile de les apercevoir. Les volailles mangent les limaçons, de même que les limaces, sans aucun inconvénient pour leur santé, à condition qu'elles n'en reçoivent qu'une ration modérée.

Vers de terre. Les *vers de terre* ou *lombrics* ne nuisent pas directement aux plantes cultivées dans le potager, car ils ne mangent aucune substance végétale; mais la manière dont ils bouleversent le sol des plates-bandes dérange les semis et empêche les jeunes plantes de lever, ou bien leur passage, pour rentrer en terre ou pour en sortir, déracine les plantes délicates récemment levées. C'est donc à juste titre que le jardinier considère le ver de terre comme un ennemi dont il doit chercher à se débarrasser. On y réussit par les arrosages d'urine chaude de gros bétail indiqués plus haut pour la destruction des courtilières. Dans les pays où les noix sont abondantes, on fait de fortes infusions de brou de noix qu'on répand sur les plates-bandes remplies de vers de terre. Le contact de ce liquide ne les fait pas périr; mais il leur est tellement désagréable qu'ils sortent tous et sont aisément ramassés ou dévorés par la volaille, qui les recherche avidement.

Oiseaux. La plupart des oiseaux sauvages qui fréquentent les jardins sont inoffensifs ou même très-utiles comme destructeurs des insectes nuisibles; car presque tous les oiseaux chanteurs du climat européen sont exclusivement insectivores. Ceux qui nuisent aux jardins sont le *corbeau*, le *moineau*, la *linotte* et le *chardonneret*.

Corbeau. Le caractère circonspect du *corbeau* l'éloigne habituellement des jardins; il arrive assez souvent cependant qu'au printemps, après des gelées prolongées, les bandes de corbeaux, rendues hardies par la faim, s'abattent sur un potager un peu éloigné des habitations et le bouleversent de fond en comble. Quelques coups de fusil écartent ces maraudeurs. On peut aussi les prendre vivants par le procédé suivant. Sur une plate-bande de pois récemment semés ou qui commencent à lever, dans une situation où l'on peut craindre qu'ils ne soient ravagés par les corbeaux, on place un certain nombre de cornets de carton mince au fond desquels on a mis un morceau de viande avancée. Les bords de ces cornets sont enduits de glu, de sorte que quand le corbeau, qui a fourré sa tête dans le cornet pour prendre la viande, veut la retirer, il emporte avec lui le cornet, qui le rend aveugle et le met à la discrétion du chasseur.

Moineau. Quoique le *moineau* soit insectivore tout autant que granivore et qu'il détruise beaucoup d'insectes nuisibles aux produits du sol, c'est néanmoins avec raison qu'il est considéré lui-même comme très-nuisible. Sa grande voracité permet de le prendre aisément dans toutes sortes de piéges. Dans les jardins où les bandes de moineaux viennent dévaster les pois verts et d'autres produits à leur convenance, on peut en abattre un grand nombre à la fois à coups de fusil en semant au centre du potager un espace d'un ou deux mètres carrés de sarrasin qu'on leur abandonne; dès que le grain approche de sa maturité, les moineaux quittent tout autre maraudage pour tomber sur le sarrasin, qu'ils semblent préférer à tout; quelques coups de fusil en font alors prompte justice.

Linotte. Cet oiseau est le seul des oiseaux chanteurs d'Europe qui soit exclusivement granivore. A l'époque de la maturité des graines des plantes crucifères, les linottes, qui vont habituellement par bandes, détruisent les graines des choux, choux-fleurs, radis, navets, qu'il est difficile de préserver de leurs atteintes. On leur sacrifie quelques touffes de colza qui les attirent, et sur lesquelles on les détruit à coups de fusil.

Chardonneret. Ce charmant oiseau ne recherche parmi les produits du potager que les graines des laitues et des chicorées; son naturel timide le rend facile à écarter par des épouvantails, dont le meilleur est un morceau de bouchon garni de plumes qu'on suspend à une perche inclinée, pour que le vent l'agite, près des porte-graines dont on veut éloigner les chardonnerets.

Mammifères. Les animaux mammifères nuisibles aux jardins sont : la *taupe*, le *rat*, le *loir* et le *lérot*.

Taupe. La *taupe* envahit rarement le potager, dans lequel les labours et les travaux de culture doivent être trop fréquemment répétés pour lui permettre de s'y établir. S'il arrive qu'au printemps, avant la reprise des travaux du jardinage, une taupe s'introduise dans un potager, elle est facilement prise et détruite avant d'avoir multiplié. C'est de neuf heures à onze heures du matin que la taupe travaille dans ses galeries souterraines; il est facile au jardinier de la guetter, la bêche à la main, de la prendre sur le fait et de la détruire.

Rat. Les jardins fruitiers, dans l'intérieur ou le voisinage des villes et des lieux habités, sont souvent visités par les *rats*, qui y commettent en toute saison, mais surtout à l'époque de la maturité des fruits, des dégâts considérables.

Le meilleur piége pour les détruire est connu sous le nom

vulgaire de *quatre de chiffre* (*fig.* 7). La pièce principale est une planche de bois portant une grosse pierre et maintenue dans une position inclinée au moyen de trois bâtons entaillés de crans et réunis de manière à figurer le chiffre 4. Le tout est en équilibre; le moindre choc imprimé au 4 fait tomber la planche. L'extrémité du bras horizontal du 4 étant amorcée avec un morceau de lard grillé à la flamme d'une chandelle, genre d'amorce qui attire le rat de fort loin, l'animal, après s'être introduit sous la planche, ne peut attaquer l'amorce sans déranger le 4 et faire tomber sur lui la planche avec la pierre, qui l'assomme sur la place.

Fig. 7. Quatre de chiffre.

L'*assommoir* (*fig.* 8), composé essentiellement d'une lourde pièce de bois soutenue par un fil que l'animal doit couper pour avoir l'amorce, agit comme le quatre de chiffre; on place ces deux piéges au pied des murs garnis d'arbres fruitiers en espalier, dont les rats viennent pendant la nuit attaquer les fruits.

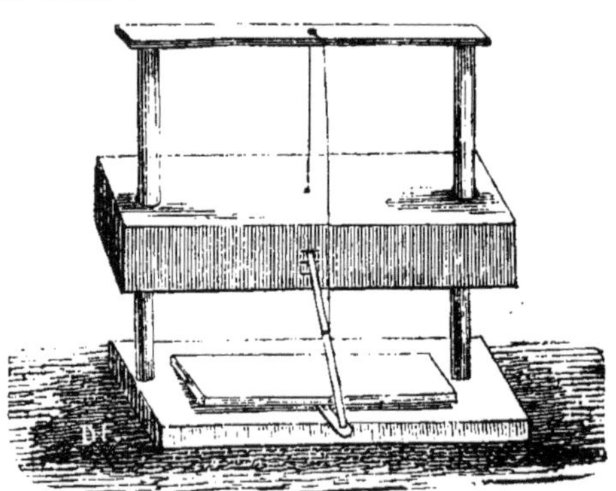

Fig. 8. Assommoir.

Loir et lérot. Le *loir* est de tous les rongeurs de notre pays celui qui commet le plus de dégâts dans le jardin fruitier; le loir proprement dit n'est commun que dans les parties boisées du midi de la France. Le *lérot*, variété du loir souvent confondue avec lui, est répandu dans toute la France.

On prend le loir et le lérot dans le piége représenté par la *figure* 9. Ce piége est amorcé avec un beau fruit très-mûr, posé à son centre; l'animal peut bien entrer pour dévorer le fruit, mais, une fois entré, il ne peut sortir. Il faut choisir pour amorce un fruit autre que ceux dont sont chargés les arbres visités par les loirs et les lérots, sans quoi ils ne songent pas à y goûter, en trouvant assez d'autres de même espèce à leur disposition.

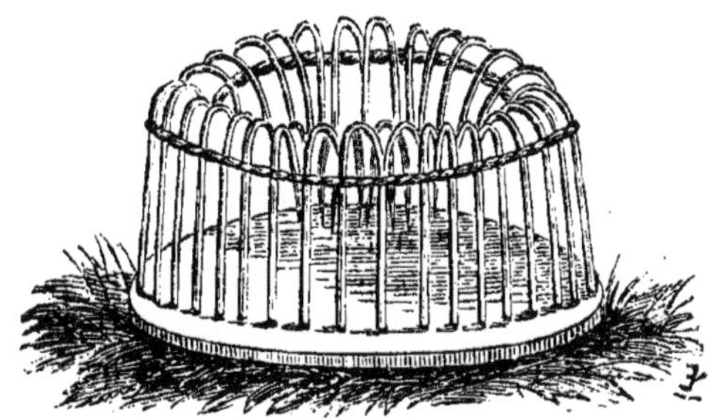

Fig. 9. Piége en osier.

DEUXIÈME PARTIE. ARBRES FRUITIERS.

CHAPITRE XIII.

Multiplication, greffe.

Multiplication. — *Semis.* Préparation du sol. — Semis accidentels ; en pépinière. — Semis de pepins de poires ; de pepins de pomme. Égrains. Doucin. Paradis. — Semis de noyaux d'abricots, de pêches, d'amandes. — Triage du plant. Repiquage. — *Marcottes.* Marcottes de vigne, de groseillier. — *Boutures.* Boutures de cognassier, de vigne, de groseillier, de framboisier. — Crossettes; boutures en place. — *Greffe.* — Conservation ; transport. — Ligatures de laine ; onguent de Saint-Fiacre ; cire à greffer. — Greffe en approche. — Greffe par scions; en fente sur tige ; de côté en T ; en couronne. — Greffe en écusson ; à œil poussant ; à œil dormant. — Greffe en anneau.

L'art de multiplier les arbres fruitiers constitue une branche importante du jardinage, l'industrie du *pépiniériste;* tous les arbres à fruits plantés dans nos jardins ont en effet dû être élevés dans un genre particulier de jardin consacré spécialement à cette destination, et qu'on nomme *pépinière.* Le plus grand nombre des arbres fruitiers se multiplie par le *semis* des pepins ou des noyaux de leurs fruits; quelques-uns seulement sont aussi multipliés par *marcotte* et par *bouture.*

Semis. Pour semer en pépinière des pepins ou des noyaux d'arbres fruitiers, il faut d'abord préparer le sol par un défoncement très-soigné, lui donner une bonne fumure d'engrais approprié à sa nature, et le livrer pendant un an à une culture quelconque, autre que celle des arbres à fruits, afin que les racines délicates des jeunes arbres nés des semis ne se trouvent pas en contact avec le fumier frais, qui leur ferait contracter diverses maladies et compromettrait l'avenir des arbres, tout en leur donnant l'apparence d'une santé exubérante. Un sol trop riche et trop abondamment fumé ne convient pas plus pour une pépinière qu'un sol pauvre et privé d'engrais. Le point important, c'est qu'au sortir de la pépinière les arbres puissent prospérer dans la situation où ils seront plantés à demeure : ce résultat ne peut pas plus être obtenu quand les arbres ont souffert en pépinière par suite de la pauvreté du sol que quand, au sortir d'une pépinière au sol excessivement riche, ils doivent vivre dans un sol médiocre. Les semis se font en lignes, dans des planches disposées comme celles d'un potager; l'espacement et la profondeur varient selon le volume des graines et les dimensions que les jeunes arbres doivent acquérir pendant leur première année. On sème pour la multiplication du poirier des pepins de poires provenant de la fabrication du poiré et ramassés dans le marc des fruits écrasés; le même compartiment de la pépinière reçoit de nombreux semis de pepins de coing et quelques semis de sorbier et d'aubépine. Tous ces semis produisent des sujets sur lesquels on greffe les diverses espèces de poirier.

Il arrive assez souvent que les semis accidentels et les semis en pépinière donnent de nouvelles variétés d'une grande valeur : c'est ainsi que de nos jours se sont produites la poire *beurré d'Angoulême,* due à un semis accidentel, et la poire *beurré Clergeau,* provenant d'un semis en pépinière. Habituellement les arbres de semis de pepins des meilleures espèces ne donnent que des fruits médiocres ou mauvais; mais si l'on sème les pepins de ces fruits et qu'on applique le même système avec persévérance à plusieurs générations d'arbres de semis, on finit toujours par obtenir des fruits mangeables, souvent excellents, toujours différents de ceux de l'arbre qui a servi de point de départ : c'est de cette méthode que sont nées de nos jours les bonnes espèces de poires nouvelles introduites dans nos jardins. Le résultat ne se fait pas attendre pendant une trop longue suite d'années, lorsqu'on greffe des rameaux des jeunes arbres de semis sur de vieux arbres sacrifiés à cet effet; ces greffes se mettent immédiatement à fruit, ce qui permet de poursuivre les semis de pepins et de diminuer les lenteurs inévitables de l'opération.

Les semis de pepins de pommes se font dans les mêmes conditions que ceux de pepins de poires; on utilise à cet effet les pepins pris dans le marc de cidre. Ces semis donnent pour résultat des sujets robustes, désignés sous le nom d'*égrains*, qu'on élève à haute tige et sur lesquels on greffe les espèces dont le fruit sert à faire le cidre. Les pommiers de petite et de moyenne taille, qui produisent les meilleures pommes de dessert, sont greffés sur deux genres de sujets, le *doucin* et le *paradis*, qui ne se multiplient que par la séparation des nombreux rejetons enracinés formés, tous les ans, autour des souches élevées en pépinière.

Les noyaux d'abricot, de prune et de pêche semés en bon terrain, plutôt calcaire que trop argileux, donnent souvent des arbres dont le fruit est excellent sans le secours de la greffe. Lorsqu'on sème beaucoup de noyaux, il est bon de laisser grandir, jusqu'à ce qu'ils portent fruit, ceux de ces arbres qui, par leur aspect et la forme de leur feuillage, ressemblent le plus aux bonnes espèces. Si plus tard on reconnaît que leur fruit ne vaut rien, il est toujours temps de les greffer. On sème en outre, pour recevoir la greffe de l'abricotier et du pêcher, des noyaux de diverses espèces de prunes et des amandes à coque tendre pour la greffe du pêcher, seulement lorsqu'il doit vivre dans un sol très-sec où l'élément calcaire est en grand excès et où les sujets de prunier ne réussiraient pas. Les semis de noyaux de cerises donnent rarement des sujets à fruits mangeables ; tous doivent être greffés.

Après la chute des feuilles, à la fin de l'automne de leur première année, tous les jeunes arbres nés de semis sont arrachés et transplantés, pour acquérir la force qu'ils doivent avoir avant d'être greffés. On les soumet à un triage sévère pour éliminer tous ceux qui paraissent faibles, mal venants, ou atteints d'une maladie aux racines. Les sujets conservés, assortis par genre et par taille, sont mis en place à des distances qui varient d'un mètre à $1^{m},20$ en tout sens, ce qui constitue un véritable *repiquage*. La racine principale ou *pivot* est retranchée pour favoriser le développement des racines latérales ; celles-ci ne doivent pas être enterrées à une trop grande profondeur. Le sol destiné à ces repiquages a dû être, comme les planches des semis, défoncé, fumé et livré pendant un an à diverses cultures ; cette précaution nécessaire ne peut être trop recommandée.

Marcottes. La multiplication de marcottes n'est usitée en pépinière que pour la vigne et le groseillier, qui s'enracinent facilement par ce mode expéditif de multiplication. On couche le sarment, né près de terre, dans une fosse d'un ou deux décimètres de profondeur, en laissant ressortir hors de terre son extrémité supérieure munie de deux ou trois bons yeux. Après avoir fixé la partie enterrée au moyen d'une ou deux petites fourchettes de bois, la terre est replacée et légèrement comprimée. L'année suivante, la marcotte est enracinée ; elle peut être *sevrée,* c'est-à-dire détachée de la plante mère, et plantée immédiatement ou livrée au commerce. Le groseillier se marcotte exactement comme la vigne.

Boutures. On multiplie de boutures en pépinière le cognassier, pour servir de sujet au poirier, la vigne, le groseillier et le framboisier. Ces boutures sont mises en place au printemps dans un sol frais, autant que possible dans une situation ombragée, en laissant hors de terre un ou deux bons yeux qui deviennent autant de rameaux. La vigne est rarement bouturée en pépinière ; elle prend si facilement racine qu'on bouture ordinairement les sarments munis d'un peu de vieux bois, nommés *crossettes,* à la place même que le cep tout formé doit occuper. Lorsqu'on détache, à la taille d'hiver, les sarments qu'on se propose d'utiliser comme bouture, après les avoir coupés de la longueur voulue, le meilleur moyen de les conserver en bon état jusqu'au printemps, c'est d'ouvrir une fosse de $0^{m},25$ à $0^{m},30$ de profondeur et d'y étendre les sarments. On remplit la fosse de la terre qui en avait été retirée; les sarments y restent jusqu'au mois de mai ; ils sont alors bouturés à la manière ordinaire, et ne tardent pas à s'enraciner.

Le groseillier s'enracine de bouture encore plus aisément que la vigne. Si l'on bouture des rameaux de groseillier de $0^{m},50$ à $0^{m},60$ de long, il suffit d'enfoncer dans le sol un décimètre de leur partie inférieure. Dès que leurs yeux commencent à s'ouvrir, on supprime le terminal et tous ceux qui peuvent exister le long du rameau, sauf les trois ou quatre les plus rapprochés du sommet; la bouture se trouve ainsi, dès la fin de sa première année, transformée en un groseillier tout préparé pour la forme en tête sur une seule tige, forme aussi productive que le buisson, et préférable pour les jardins de peu d'étendue.

Greffe. Greffer un arbre, c'est placer un rameau dans des conditions telles qu'il puisse vivre aux dépens d'un autre arbre, absolument comme une bouture vit aux dépens du sol où elle prend racine; la greffe est donc une véritable bouture faite d'un végétal sur un autre. On nomme *sujet* l'arbre qui reçoit la greffe, et *greffe*, à proprement parler, le rameau qui doit être alimenté par le sujet. Quelquefois on fait ce qu'on nomme *greffe sur greffe :* si, par exemple, on veut cultiver dans un terrain où le cognassier prospère des espèces de poirier dont la greffe ne réussit pas sur les sujets de cognassier, on greffe d'abord sur le cognassier un poirier d'une variété vigoureuse, puis sur cette greffe bien reprise on greffe celle dont on désire le fruit; on l'obtient de bonne qualité moyennant cette triple association, exemple des ressources que la greffe peut offrir à la pratique intelligente du jardinage.

Les rameaux destinés à servir de greffe doivent être détachés six mois avant le moment de s'en servir : les meilleurs sont des pousses d'un an seulement, mais bien *aoûtées,* c'est-à-dire passées complétement à l'état ligneux. On les pique en terre dans un lieu frais et ombragé à l'exposition du nord ou du nord-ouest. L'espèce de souffrance que les greffes éprouvent prédispose la vie végétale à s'y développer avec plus de vigueur quand elles seront mises en place sur les sujets. Si les greffes doivent voyager et que le trajet ne dure pas plus de huit à dix jours, il suffit de les entourer de mousse humide contenue par des liens d'osier ou de jonc, et d'enfermer le tout dans une boîte de bois ou une enveloppe de toile cirée. Quand le transport doit durer plusieurs mois, les greffes doivent être entourées de terre glaise humide et renfermées dans des boîtes de fer-blanc; elles peuvent, en cet état, supporter un voyage de trois à quatre mois.

Plusieurs genres de greffe ont besoin d'être assujettis par des ligatures; la laine grossièrement filée convient spécialement pour cet usage, à cause de son élasticité. Les plaies qui résultent de la greffe doivent être préservées du contact de l'air. On se sert à cet effet, pour les arbres en plein vent à haute tige, d'une nature peu délicate, d'un mélange de terre argileuse et de bouse de vache, connu des jardiniers sous le nom d'*onguent de Saint-Fiacre*. Pour la greffe des arbres à fruits de dessert, on emploie plusieurs genres de compositions sous le nom de *cire à greffer*. Les deux plus usitées s'appliquent l'une à chaud, l'autre à froid. La première contient : poix blanche de Bourgogne, 500 grammes ; poix noire, 120 grammes ; résine, 120 grammes ; cire jaune, 100 grammes ; suif, 60 grammes. On fait fondre ce mélange sur un feu doux ; lorsqu'on veut s'en servir, on le réchauffe suffisamment pour qu'il redevienne liquide et qu'il puisse être appliqué avec un pinceau ; il faut prendre garde de ne pas l'employer trop chaud, ce qui ferait à la greffe comme au sujet un tort souvent irréparable. La seconde composition contient : cire jaune, 500 grammes ; térébenthine grasse, 500 grammes ; poix de Bourgogne, 250 grammes ; suif, 100 grammes. Après avoir fait fondre ces substances pour les bien mélanger, on met à part la pâte qui en résulte ; cette pâte se ramollit en la pétrissant entre les doigts : elle peut, par conséquent, être appliquée sans le secours de la chaleur.

Greffe des arbres fruitiers. Les divers genres de greffe en usage pour les arbres fruitiers sont les greffes *par approche, par scions*, *en écusson* et *en anneau*.

Greffe en approche. Lorsque deux branches d'un même arbre, ou de deux arbres différents, mais d'espèces voisines, sont en contact prolongé, elles se soudent l'une avec l'autre et végètent en commun : c'est la *greffe par approche*. Cette greffe s'observe fréquemment sur le pommier, dont on peut entre-croiser les rameaux pour former des haies de clôture très-solides, qui finissent par être d'une seule pièce. La reprise de la greffe par approche est facilitée par deux entailles pratiquées sur deux faces opposées de la greffe et du sujet, choisis autant que possible de la même grosseur. Les parties dénudées par l'entaille sont mises en contact et maintenues par une ligature solide. Quand la greffe pousse, indice assuré de sa reprise, on la détache par degrés de la branche de l'arbre dont elle fait partie ; on supprime la tête du sujet, et l'opération est terminée. Si l'on craint que l'action des vents violents ou quelque autre cause accidentelle ne dérange la greffe, on donne à son entaille et à celle de la greffe la forme représentée par la *figure* 10; ces deux entailles s'emboîtent parfaitement l'une dans l'autre, elles facilitent la reprise de la greffe par approche et lui donnent beaucoup de solidité. Ce genre de greffe s'applique surtout à la vigne, au mûrier, au figuier et au noyer. On peut greffer par approche pendant presque toute la belle saison quand l'été n'est pas trop sec; mais c'est toujours au printemps, au premier mouvement de la séve, que la greffe par approche réussit le mieux.

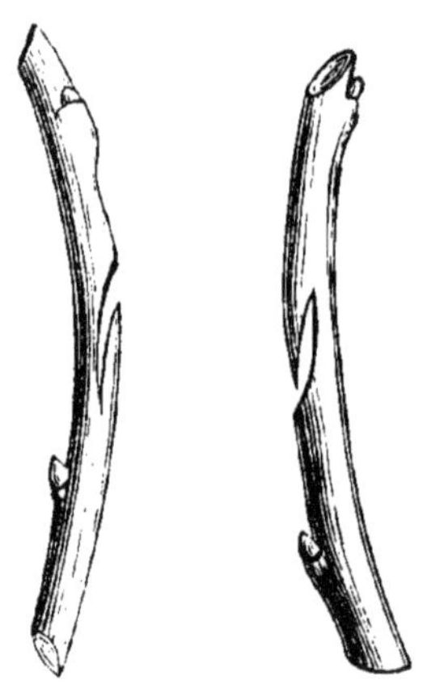

Fig. 10. Greffe en approche.

Greffe par scions. La pratique du jardinage admet un grand nombre de formes diverses de la *greffe par scions;* les plus usitées pour les arbres fruitiers sont la *greffe en fente sur tige* et la *greffe en couronne*.

La *greffe en fente sur tige*, la plus usitée des greffes par scions, se pratique au printemps, dès que se manifeste le premier mouvement de la séve. Sur la tige du sujet coupée horizontalement aussi net que possible à la hauteur désirée, on pratique une fente qui doit partir à peu près du milieu du diamètre de la coupe. Dans cette fente on insère la greffe, consistant en un scion pourvu de deux bons yeux, et taillé à sa partie inférieure, comme le montre la *figure* 11, en lame de couteau. L'insertion, pour peu que le bois du sujet soit dur, se fait en écartant avec la lame de la serpette les deux côtés de la fente. Il peut arriver qu'en vertu de son élasticité naturelle le bois du sujet fendu pour recevoir la

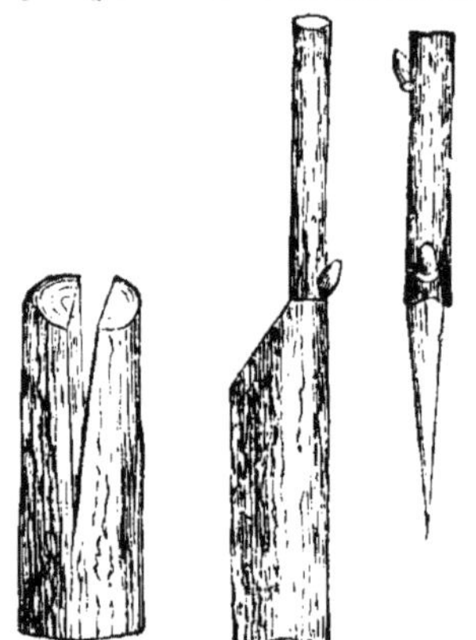

Fig. 11. Greffe en fente sur tige.

greffe la serre suffisamment : alors il n'y a pas besoin de ligature; s'il en est autrement, une ligature de laine est indispensable; elle ne doit être que modérément serrée, après quoi la cire à greffer est immédiatement appliquée sur la plaie. Quelquefois, le procédé restant le même, on coupe le sujet obliquement au lieu de le couper horizontalement, ce qui assure la reprise de la greffe en augmentant les dispositions de la séve à se porter de son côté.

Grâce à la greffe en fente, on ne doit pas considérer comme perdus les arbres encore jeunes, mais déjà forts, dont le tronc vient à être rompu par accident. On rabat sur le collet de la racine et l'on pratique sur la coupe une fente qui en prend tout le diamètre; pour plus de sûreté, on pose une greffe à chacune des deux extrémités de la fente; si elles reprennent toutes les deux, on conserve seulement la plus vigoureuse : elle devient le nouveau tronc de l'arbre réparé.

On pratique aussi, sans fente dans le bois du sujet, un genre de greffe par scion nommé *greffe de côté en T*. Sur l'écorce du sujet on fait deux incisions, l'une horizontale, l'autre verticale, en forme de T. Au-dessus de l'incision horizontale, on enlève une portion de l'écorce du sujet, puis on soulève les deux côtés de la fente perpendiculaire et l'on insère par-dessous un scion muni de deux bons yeux, taillé en bec de plume très-mince. Les bords de la fente sont rapprochés par-dessus la greffe, qu'on maintient par une ligature, et la plaie est recouverte de cire à greffer.

La *greffe en couronne* est surtout utile pour rajeunir de vieux arbres épuisés. Ces arbres sont *recepés*, c'est-à-dire rabattus sur leurs plus grosses branches, qu'on scie horizontalement et dont la plaie est ensuite parée avec la serpette. Alors, sans fendre ni le bois ni l'écorce, on soulève celle-ci de distance en distance au moyen d'un coin de bois dur, et l'on y insère un nombre indéterminé de scions taillés en bec de plume, comme pour la greffe de côté. La *figure* 12 représente un scion

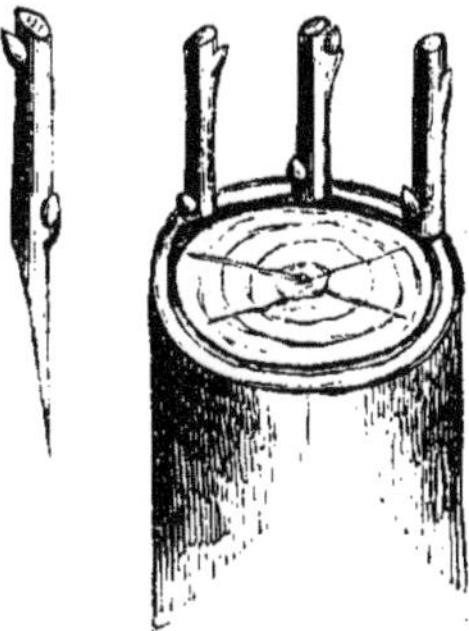
Fig. 12. Greffe en couronn

préparé et un arbre disposé pour en recevoir plusieurs tout autour de sa circonférence, à des distances égales, comme les trois qui sont déjà placés. La distance ordinaire entre chaque greffe sur le bord de la coupe est de deux à trois centimètres : toutes ne prennent pas; mais si le vieil arbre possède un reste de vigueur, les greffes qui réussissent sont toujours assez nombreuses pour le rajeunir.

Greffe en écusson. On nomme écusson un morceau d'écorce pourvu d'un bon œil protégé par le pétiole de la feuille dans l'aisselle de laquelle il est né. Il importe, en détachant les écussons, de veiller avec soin à ce que le germe contenu dans l'œil ne reste pas adhérent à la branche. Lorsque cela arrive par inattention, l'écusson privé de germe ne peut pas pousser et la greffe est manquée. On doit prendre les écussons sur des pousses ou bourgeons de l'année, et les lever seulement au moment de s'en servir. La fente pour l'insertion de l'écusson se fait en T droit ou en T renversé, exactement comme pour celle de la greffe de côté. La *figure* 13 représente l'écusson isolé et le sujet ligaturé après la pose de l'écusson; la ligature ne doit être ni trop lâche ni trop serrée : elle doit laisser l'œil de l'écusson bien à découvert.

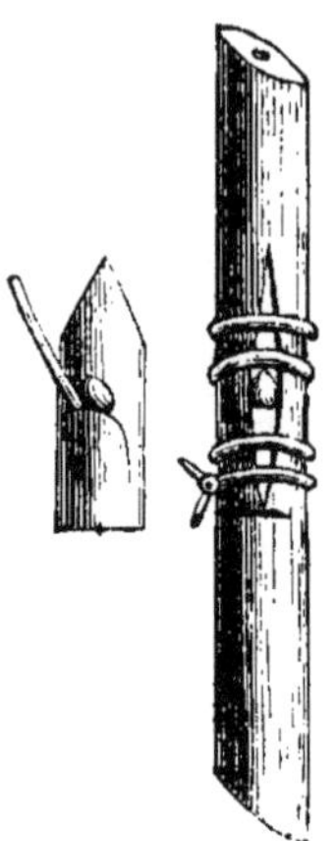

Fig. 13. Greffe en écusson.

On greffe en écusson à *œil poussant* ou bien à *œil dormant;* la greffe à œil dormant est la plus usitée : elle se fait pendant les mois de juillet et août; la greffe à œil poussant se fait au printemps, comme les greffes par scions. Dans les deux cas, la manière d'opérer est la même. Si la séve du sujet afflue sur l'œil de l'écusson en trop grande abondance, il peut arriver qu'elle *noie l'œil*, qui dans ce cas devient noir et ne donne pas de bourgeon. Lorsqu'on s'en aperçoit à temps, une légère incision faite dans l'écorce du sujet au-dessous de la greffe prévient le mal sans compromettre le sujet.

Greffe en anneau ou en flûte. C'est une véritable greffe en écusson qui, au lieu d'être insérée sous l'écorce du sujet, est mise à la place de cette écorce enlevée, comme le montre la *figure* 14, sur toute la circonférence du sujet. On prend, au lieu d'un écusson de forme ordinaire, une lanière d'écorce portant deux ou trois bons yeux, et coupée de façon à s'appliquer très-exactement sur la portion dénudée du sujet. La greffe est maintenue par une ligature qui laisse les yeux à découvert, et traitée ultérieurement comme une greffe ordinaire en écusson. Cette espèce de greffe peut être pratiquée depuis le mois d'avril jusqu'au mois d'août; elle est plus sujette que toute autre à éclater par accident : il est bon, par conséquent, de maintenir les arbres ainsi greffés au moyen d'un solide tuteur. Le noyer, le mûrier et le châtaignier sont les arbres fruitiers sur lesquels la greffe en flûte peut être pratiquée avec le plus de succès.

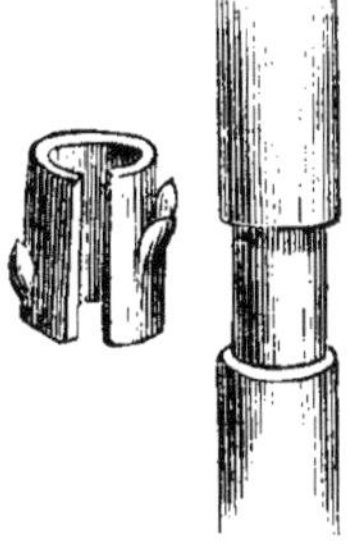

Fig. 14.
Greffe en anneau.

CHAPITRE XIV.

Plantation et soins de culture.

Nature du terrain à planter. — Exposition. — Choix des espèces. — Choix des arbres en pépinière. Arrachage. — Mise en jauge. — Plantation. — Habillage des racines. — Mise en place. — Espacement : pour les arbres à fruits à pepins ; pour les arbres à fruits à noyau ; pour les arbres en pyramide. — Murs et treillages. Hauteur des murs. Palissages à la loque ; au treillage ; au fil de fer ; à la baguette. — Culture des arbres plantés.

Avant de planter un arbre fruitier, il faut considérer la nature du terrain dont on dispose et son exposition ; ces deux points déterminent le choix des espèces. On sait que, d'un point de vue général, les arbres à fruits à pepins réussissent mieux dans les terres un peu fortes, et les arbres à fruits à noyau dans les terres chaudes, plutôt calcaires qu'argileuses ; une bonne terre de jardin, de consistance moyenne, admet un assortiment complet d'arbres fruitiers de ces deux séries. S'il s'agit d'une plantation *pleine*, c'est-à-dire de la création d'un verger dont le sol entre les arbres est occupé par une prairie naturelle ou artificielle, on ouvre, deux ou trois mois avant l'époque de la mise en place des arbres, des trous de 2 mètres de côté sur 0m,70 à 0m,80 de profondeur. Pour garnir d'arbres fruitiers une plate-bande le long d'une allée de jardin ou de la surface d'un mur de clôture, il vaut mieux opérer un défoncement complet et ouvrir une tranchée continue, de toute la largeur de la plate-bande, à la profondeur de 0m,60 à 0m,80. Plus le sol est sain et léger, moins la tranchée doit être profonde ; plus il est compacte et humide, plus il faut approfondir la tranchée : dans ce dernier cas, on en garnit le fond avec un décimètre de plâtras grossièrement concassés, pour prévenir le séjour prolongé de l'humidité stagnante dans le sous-sol, humidité dont le contact serait funeste aux racines des arbres fruitiers.

Choix des arbres en pépinière. Le jardinier qui n'élève pas lui-même les arbres dont il a besoin doit les choisir dans la pépinière la moins éloignée, afin qu'il s'écoule le moins de temps possible entre le moment de l'arrachage et celui de la mise en place. Il fera son choix d'assez bonne heure pour bien apprécier la valeur des arbres : ceux qui perdent leurs feuilles du sommet avant celles du bas et ceux qui portent les traces de plusieurs greffages successifs, les premières greffes n'ayant pas pris, sont défectueux et doivent être rejetés.

Arrachage. Rien ne doit être négligé, lorsqu'on arrache de jeunes arbres élevés en pépinière, pour conserver autant que possible toutes leurs racines, sans les rompre, les écorcher ni les endommager. Si le temps est sec, on se hâte d'emballer les arbres de manière à prévenir pendant le trajet le dessèchement des racines. Dans le cas où les arbres sortant d'une pépinière exposée au midi devraient être plantés à une exposition moins favorable, on fera bien de marquer avec un peu de couleur à l'huile le côté de la tige exposé au sud, afin de lui conserver la même orientation en mettant les arbres en place. Si la plantation ne peut pas être effectuée immédiatement, on ouvre, dans une position abritée, une fosse de 0m,40 à 0m,50 de profondeur : c'est ce qu'on nomme une *jauge ;* les arbres sont mis en jauge, en ayant soin que leurs racines ne s'entremêlent pas les unes dans les autres ; on les recouvre de quelques décimètres de terre, qu'il faut se garder de tasser. On ne peut trop recommander de ne laisser les arbres en jauge que le moins de temps possible : ce qui est facile lorsqu'on a soin de n'arracher les arbres en pépinière qu'au moment où tout est prêt pour la plantation.

Plantation. C'est une erreur de croire que les arbres fruitiers ne reprennent pas bien, à moins qu'ils ne soient plantés très-jeunes. Les jardiniers à qui leurs moyens permettent d'acheter des arbres tout formés, dont le prix est nécessairement plus élevé que celui des arbres tout jeunes, ne courent aucun risque de les perdre ; ils y trouvent l'avantage d'avoir une pleine récolte de fruits dès l'année qui suit celle de la plantation. S'il arrive que, pour une construction ou pour toute autre cause, des arbres fruitiers d'un âge avancé doivent être déplacés, loin de les sacrifier comme bois de chauffage ainsi qu'on le fait trop fréquemment, on se rappellera que les arbres fruitiers peuvent être transplantés, pour ainsi dire, *à tout âge*. On doit seulement, après la mise en place, prendre la précaution d'enduire d'onguent de Saint-Fiacre la surface entière de l'écorce du tronc et des branches principales, dans le but d'éviter le dessèchement de l'écorce et, par suite, le dépérissement de l'arbre transplanté. Avant de mettre un arbre fruitier en place, on se gardera bien de le tailler ; on se contentera de l'*habiller*, c'est-à-dire de retrancher seulement les racines meurtries ou endommagées et les branches cassées ou blessées pendant l'arrachage ou le transport : *retrancher le moins possible des racines* est une règle dont il ne faut jamais s'écarter ; celles qu'il est indispensable de couper doivent l'être en dessous, de manière à ce que la surface de la coupe soit en contact direct avec la terre, ce qui hâte la cicatrisation de la plaie. La mise en place ne saurait être trop soignée : tout l'avenir de l'arbre en dépend. Si le sol où l'on plante est chaud et léger, il n'y a pas grand inconvénient à ce que les racines se trouvent à quelques décimètres de profondeur ; s'il est humide et froid, les racines doivent être étendues horizontalement dans tous les sens, presqu'à fleur de terre, sauf à former à la base de l'arbre planté une petite éminence ou butte, qui n'a d'ailleurs aucun effet désagréable à la vue. Le point essentiel, c'est que les racines en terre puissent éprouver le plus complétement possible les influences atmosphériques desquelles dépend l'abondance de la fructification, aussi bien que la qualité du fruit. Il ne faut ni secouer les arbres quand leurs racines sont rechargées de terre, ni piétiner fortement la terre sur les racines, qui pourraient en être blessées; on se contentera d'appuyer légèrement, autant qu'il est nécessaire pour consolider l'arbre dans sa nouvelle position et empêcher qu'avant sa reprise il ne soit exposé à être renversé par le vent. Les premières pluies qui surviennent après la plantation opèrent naturellement le tassement de la terre sur les racines; il n'est nécessaire de mouiller celles-ci, pour forcer la terre à s'y attacher, que lorsqu'on plante très-tard au printemps, quand le mouvement de la séve est déjà prononcé.

Espacement. On doit déterminer la distance à laquelle les arbres sont plantés les uns par rapport aux autres d'après la forme qu'ils doivent prendre ultérieurement, les dimensions présumées qu'ils doivent atteindre et la place dont leurs racines ont besoin dans le sol pour ne pas se gêner réciproquement. Le long d'un mur de 2m,80 à 3m de hauteur, les pêchers, en supposant le terrain favorable à leur développement, veulent être plantés à la distance de 6 à 8 mètres les uns des autres; les autres arbres à fruits à noyau, abricotier, cerisier, prunier, à 6 mètres; les poiriers à 5 mètres; la vigne à 0m,50 ou 0m,75, selon la forme sous laquelle les ceps doivent être conduits. Quand le sol est médiocre et que les arbres ne peuvent prendre autant d'accroissement que dans une terre très-fertile, on peut les planter à des distances un peu moindres. Quand les murs sont assez hauts pour qu'on puisse faire régner un cordon de vigne à la partie supérieure sans gêner les arbres fruitiers en espalier, les ceps peuvent être plantés dans la plate-bande qui règne le long du côté du mur le moins bien exposé; dans ce cas, on fait passer les cordons de vigne du côté méridional par des ouvertures ménagées à cet effet.

Dans un bon sol, on plante les poiriers en pyramide à 1 mètre du bord de la plate-bande, et à 3 mètres les uns des autres, s'ils sont greffés sur cognassier. Les poiriers greffés sur franc veulent un espacement de 3m,50 à 4 mètres. Le pommier greffé sur *doucin*, pour espalier ou contre-espalier, se plante à 4 mètres; le même sur paradis, en lignes ou en massifs, à 1m,20 en tout sens.

Murs et treillages. Dans les grands jardins destinés principalement à la culture des arbres fruitiers en espalier, on élève ordinairement plusieurs murs dits *de refend*, percés de fausses portes pour le service. Ces murs sont les plus favorables aux espaliers, parce qu'il est possible de leur donner une direction telle que leurs surfaces offrent précisément les expositions les plus convenables, tandis que les murs de clôture ne peuvent pas toujours satisfaire à cette condition. La hauteur de 2m,50 à 3 mètres est la meilleure pour les espaliers d'arbres à fruits à noyau ou à pepins : le sommet doit toujours se terminer par une sorte de toit nommé *chaperon*, formant sur l'aplomb du mur une saillie de 0m,20 à 0m,25. Dans les cantons où le plâtre est commun et à bas prix, comme à Montreuil-aux-Pêches et dans les communes voisines, on donne un crépissage uni à toute la surface du mur. Cet enduit tient les clous et rend possible le *palissage à la loque*, qui consiste à prendre dans un morceau de rognure de drap, de forme carrée, le rameau à palisser; on en réunit les deux bords et on les fixe au mur par un clou. Ce mode de palissage rend l'emploi du treillage inutile; il est économique et avantageux à tous égards, mais il n'est possible que dans un petit nombre de localités. A part cette circonstance tout exceptionnelle, la surface d'un mur qui doit être garnie d'arbres fruitiers en espalier reçoit un treillage sur lequel ces arbres sont palissés à mesure qu'ils se développent.

Le treillage en bois de chêne, à mailles carrées rattachées par des liens de fil de fer, est encore le plus usité; il coûte fort cher, et sa surface qui regarde le mur sert de refuge aux limaçons ainsi qu'aux larves de divers insectes : ce sont les deux principaux inconvénients de ce genre de treillage. A mesure que le prix du gros fil de fer tend à baisser, le treillage en bois de chêne est remplacé par de simples montants droits, qui peuvent être en bois blanc et dont l'espacement varie selon la nature des arbres dont le mur doit être couvert. Ces montants sont percés de trous par lesquels passent des lignes de gros fil de fer; la *figure* 15 montre un fragment de mur garni de ce mode de treillage d'un usage plus commode que le précédent. On comprend que les lignes de fil de fer peuvent être écartées ou rapprochées à volonté.

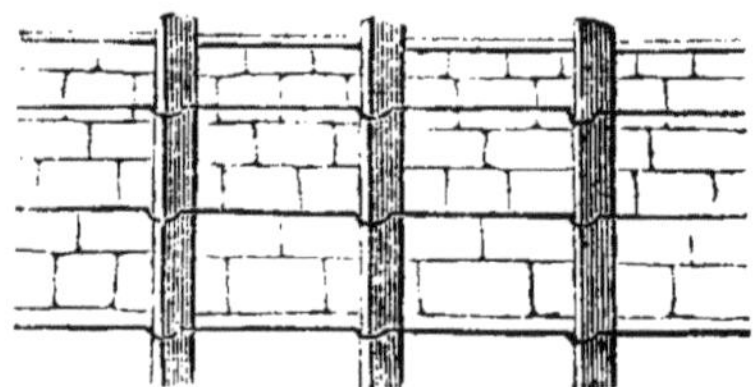

Fig. 15. Treillage en fil de fer.

Dans quelques parties du nord de la France, on emploie, à la place du treillage, un mode particulier de palissage des arbres fruitiers, qu'il est possible d'appliquer dans une foule de localités avec grand avantage. Les jeunes arbres sont plantés au pied du mur, ordinairement en briques, et dépourvu de toute espèce de treillage. Sur ce mur, à mesure que l'arbre prend de l'accroissement, on plante des clous à crochet au moyen desquels on assujettit des baguettes figurant des demi-cercles de plus en plus étendus. La *figure* 16 représente un arbre palissé par ce procédé, connu sous le nom de *palissage à la baguette*. Si, d'après la méthode ordinaire, on couvre d'un treillage quelconque un mur au pied duquel on plante de très-jeunes arbres, le treillage sera dégradé ou complétement pourri par les intempéries des saisons avant que les arbres en espalier soient parvenus à la moitié de sa hauteur; le palissage à la baguette évite ce genre de perte, en même temps qu'il facilite le nettoyage parfait des arbres et du mur, sur lequel les limaces et les larves d'insectes nuisibles ne trouvent pas

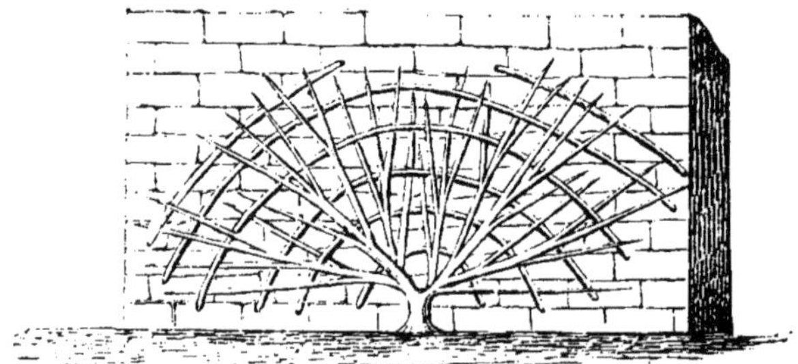

Fig. 16. Palissage à la baguette.

l'abri que leur offrent, à des degrés différents, les treillages employés au palissage des arbres fruitiers en espalier.

Culture. Quand le sol où l'on plante des arbres a été convenablement amendé avant leur mise en place, les soins de culture ultérieurs se réduisent à peu de chose. Les labours sont remplacés par de légères façons superficielles à la fourche, pour ne pas endommager les racines. Les fumures doivent toujours consister en engrais très-consommé. Le fumier frais peut faire contracter aux pêchers les maladies du *rouge* et de la *gomme*, et aux racines de tous les arbres fruitiers le *chancre*, qui les fait dépérir en même temps que l'action de l'engrais en fermentation dérange l'équilibre de leur végétation. Pendant les étés chauds et très-secs, il est souvent utile de verser de temps en temps le soir un seau d'eau sur les racines des arbres fruitiers en espalier; on doit aussi, au moyen de la pompe portative, munie d'une gerbe d'arrosoir percée de trous assez fins, *bassiner* toute leur surface une ou deux fois par semaine durant toute la belle saison.

CHAPITRE XV.

Taille des arbres à fruits à pepins.

Poirier. Son mode de végétation; ses productions fruitières : brindilles ; lambourdes; dards; bourses. — Taille des bourgeons : taille longue ; taille courte ; leurs effets. — Coupe : onglet; œil éventé.— Divers genres de taille.— Rapprochement.— Ravalement — Recepage. — Formes principales du poirier. — Pyramide ; manière de l'établir ; flèche, son prolongement. — Fuseau. — Palmette simple ; double. — Cordon horizontal ; ses avantages ; sa place. — Opérations complémentaires de la taille. — Pincement. — Cassement. — Ébourgeonnement. Éborgnage. — Pommier. Identité des principes de sa taille avec ceux de la taille du poirier. — Principales formes du pommier. — Pommier en vase, en cordon double, soudé par la greffe en approche.

La taille des arbres à fruits à pepins ou à noyau repose sur un principe extrêmement simple et compréhensible.

Chaque arbre a sa manière particulière de végéter et de former ses boutons à fruit; livré à lui-même, l'arbre emploie un temps plus ou moins long à se développer, en donnant pendant longtemps un luxe inutile de branches improductives. L'étude de son mode particulier de végétation, d'où résultent des tendances qu'il faut favoriser ou combattre, est la seule base rationnelle de la taille qu'il convient de lui appliquer.

Les arbres à fruits à pepins surpassent en importance les arbres à fruits à noyau par la valeur de leurs produits et la durée de leur conservation. Cette série ne comprend que le *poirier* et le *pommier*.

Poirier. Si l'on examine attentivement la marche de la végétation sur un poirier qu'on s'abstient de tailler, on verra que la plupart des yeux dont sont couverts ses rameaux de divers âges sont des yeux *à bois;* le développement de ces yeux donne naissance à un rameau ou bourgeon dont tous les yeux sont eux-mêmes des yeux à bois. Chacun de ces yeux est né dans l'aisselle d'une feuille; ceux qui sont protégés par plusieurs feuilles sont des boutons en train de devenir boutons à fruit; le passage d'un certain nombre d'yeux de l'état d'yeux à bois à celui de boutons à fruit ne s'opère qu'avec une extrême lenteur sur les rameaux du poirier qu'on ne taille point. La taille, en supprimant les yeux à bois inutiles et ne conservant que ceux dont on a besoin pour contribuer à la formation de la charpente de l'arbre, fait refluer la séve vers les boutons du bas de chaque branche, ce qui accélère leur transformation en boutons à fruit. Au bout de quelques années, l'arbre se charge de *productions fruitières*, c'est-à-dire de petites branches qui ne sont ni des rameaux ni des bourgeons, et qui ne contribuent pas à la constitution de la charpente, mais qui portent exclusivement des boutons à fruit, lesquels se succèdent pendant un temps plus ou moins long. Ces branches sont nommées *brindilles* lorsqu'elles sont minces, longues et peu chargées de boutons; *lambourdes* quand elles sont courtes et solides et que leurs boutons à fruit sont nombreux, et *dards* lorsqu'elles ont seulement quelques centimètres de long et qu'elles se terminent par un œil très-pointu. Il se développe en outre, sur toutes les parties d'un arbre bien taillé, des productions fruitières nommées *bourses*, consistant en une réunion de boutons à fruit sur un support commun. Toutes ces productions ne se taillent point, à moins qu'il ne soit nécessaire d'en supprimer une partie pour ne pas fatiguer l'arbre par une production excessive, ou bien qu'il n'y ait lieu de supprimer des brindilles ou des lambourdes épuisées. On voit par ce qui précède que la taille porte exclusivement sur les branches dont tous les yeux sont à bois, particulièrement sur les bourgeons de l'année, c'est-à-dire sur les jeunes branches nées pendant la belle saison par le développement d'un œil à bois. Le seul moyen d'obtenir par la taille une production régulière des plus beaux fruits de chaque espèce sans épuiser les arbres prématurément, c'est de maintenir constamment entre toutes les parties de chaque arbre ce que les jardiniers nomment l'*équilibre de la végétation.* Cet équilibre consiste dans la répartition aussi égale que possible, entre toutes les branches, de la séve qui les fait vivre. L'un des moyens les plus efficaces d'atteindre ce résultat, c'est d'appliquer à propos la *taille courte* et la *taille longue*.

Fig. 17. Poirier. Branche taillée.

Tailler court, c'est ne laisser à la branche taillée qu'un petit nombre d'yeux et en retrancher par conséquent la plus grande partie; tailler long, c'est au contraire ne retrancher qu'une partie peu considérable des yeux du haut de la branche, qui se trouve ainsi conservée sur sa plus grande longueur. Si dans un poirier, quelle que soit sa forme, l'équilibre se trouve dérangé, qu'une partie soit faible et ne donne que des pousses languissantes, cette partie sera taillée court; l'œil placé immédiatement au-dessous de la coupe se développera en un bourgeon vigoureux, capable d'aspirer fortement la séve et de contribuer à rétablir l'équilibre. Sur la partie du même arbre qui semble au contraire avoir pris trop de force aux dépens du reste, on doit tailler long, afin que la séve, distribuée entre un plus grand nombre de bourgeons, les fasse pousser avec moins de vigueur. La taille est regardée comme longue, lorsqu'il reste au-dessous de la coupe, sur la branche taillée, cinq ou six yeux au moins; elle est courte quand elle n'en laisse subsister que deux ou trois. La *figure* 17 représente une branche de poirier soumise à une taille régulière : les bourgeons nés du développement des yeux à bois de l'année ont été taillés plus ou moins long, selon leur force respective; les yeux nés sur le bois de deux et de trois ans sont déjà, par l'effet des tailles des années antérieures, convertis en grande partie en productions fruitières.

Coupe. On nomme *coupe* le retranchement de la partie taillée et la surface unie résultant de ce retranchement. La coupe doit être *opposée* à l'œil sur lequel on taille, c'est-à-dire qu'elle doit présenter sa surface du côté opposé à celui où se trouve l'œil placé immédiatement au-dessous. On nomme *onglet* la partie qui subsiste entre la surface de la partie coupée et l'œil qui la suit. La longueur de l'onglet varie selon le plus ou moins de solidité des arbres taillés; elle peut être de trois à quatre millimètres sur les arbres à bois dur et de huit à dix sur les arbres à bois tendre et poreux, sur lesquels la mort du bois de l'onglet peut entraîner celle de l'œil. En général, même sur les arbres à bois dur, il vaut mieux que l'onglet soit un peu long. L'œil placé au-dessous d'un onglet trop court avorte assez souvent; on dit dans ce cas que la coupe *évente* l'œil: ce qui peut entraîner de graves inconvénients quand l'œil *éventé* est destiné à donner naissance à un bourgeon de prolongement pour l'une des branches principales de la charpente.

Divers genres de taille. La taille prend différents noms selon l'objet spécial en vue duquel elle est pratiquée. Les trois genres de taille les plus usités pour les arbres à fruits à pepins sont le *rapprochement*, le *ravalement* et le *recepage*.

Rapprochement. La taille prend le nom de *rapprochement* toutes les fois qu'elle est pratiquée sur du bois de plus d'un an, parce qu'en effet elle a pour but de rapprocher les nouvelles pousses auxquelles elle donne lieu, soit du tronc principal, soit du centre de l'arbre taillé. Lorsqu'un arbre, par une avidité mal entendue, a été mis à fruit trop tôt, et que, sans être vieux, il est fatigué par un excès de production, on le rétablit en rapprochant toutes les branches, qu'on taille alors sur un coude afin d'y faire naître de jeunes rameaux qui se remettent à fruit peu à peu et rétablissent la vigueur du poirier fatigué.

Ravalement. Ce n'est qu'une sorte de rapprochement complet qui consiste à supprimer toutes les branches d'un poirier, soit en pyramide, soit en espalier, pour ne laisser subsister que le tronc, supposé que celui-ci soit sain et suffisamment vigoureux. De jeunes rameaux ne tardent pas à sortir des *empatements*, c'est-à-dire des points d'insertion sur le tronc des arbres retranchés. Ces rameaux bien dirigés refont promptement l'arbre soumis à cette taille énergique. Le ravalement se pratique sur les poiriers précédemment mal conduits, d'une forme défectueuse, qu'on ne peut corriger par d'autres moyens.

Recepage. Cette taille, encore plus énergique que le ravalement, consiste à scier le tronc près du collet de la racine et à poser tout autour de la coupe un certain nombre de greffes, dans le but de lui refaire une charpente neuve par la greffe en couronne[1]. On gagne toujours un temps précieux lorsqu'au lieu de remplacer un vieux poirier épuisé, on réussit à le refaire par le recepage suivi de la greffe en couronne.

Formes principales du poirier. La taille, d'après les principes qui viennent d'être exposés, peut faire prendre au poirier diverses formes selon la nature du sol et l'emplacement qu'il doit occuper dans le jardin. Les formes les plus usitées sont, pour le plein vent, la *pyramide* et le *fuseau*, et pour l'espalier et le contre-espalier, la *palmette simple* ou *double* et le *cordon horizontal*.

Pyramide. Pour dresser un jeune poirier en pyramide, il faut d'abord laisser émettre à la greffe un scion vigoureux, la première année qui suit sa mise en place. Ce bourgeon, qui n'a pas ordinairement moins d'un mètre 30, est taillé

1. Voyez la *greffe en couronne*, ch. XIII, page 99.

plus ou moins long, après la chute des feuilles, d'après ce principe que, chez tous les poiriers, la séve tend à se porter vers le sommet, en abandonnant les yeux de la partie inférieure. En retranchant le sommet du bourgeon, on fait refluer la séve sur ces yeux, qui s'ouvrent l'année suivante en bourgeons destinés à former les bras inférieurs de la charpente de la pyramide. Le bourgeon né de l'œil placé immédiatement au-dessous de la coupe est toujours plus vigoureux que les autres : c'est ce que les jardiniers nomment la

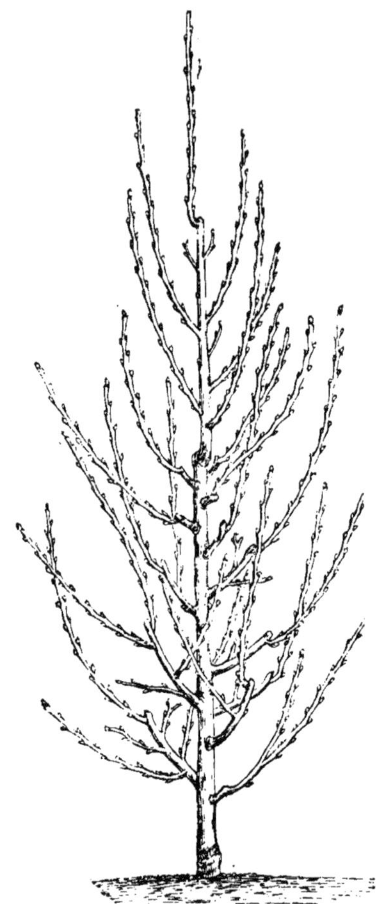

Fig. 18. Poirier en pyramide.

flèche, qui doit continuer le prolongement du tronc. Chaque année, on laisse prendre à la flèche un allongement modéré, et l'on favorise le développement des branches inférieures, afin que celles-ci soient en état d'attirer leur part de la séve, de former peu à peu leurs productions fruitières, et d'empêcher les pousses de la partie supérieure de l'arbre de prendre un excès de vigueur. Parmi les bourgeons latéraux, qui naissent toujours en nombre surabondant sur une jeune pyramide en voie de formation, le jardinier choisit les mieux conformés, autant que possible disposés en spirale autour du tronc; il leur donne, lorsqu'ils ne la prennent pas naturellement, une direction oblique, en les rattachant au tronc par des liens d'osier; il arrive ainsi en cinq à six ans à compléter la charpente de la pyramide, qui doit être alors en plein rapport : la hauteur doit être égale à trois fois le diamètre de la partie la plus développée en largeur. On a renoncé avec raison à l'ancienne méthode de donner aux poiriers en pyramide une hauteur exagérée qui rendait difficile la récolte des fruits des branches supérieures; ces fruits, en tombant de trop haut sur le sol à l'époque de leur maturité, s'écrasaient et se trouvaient perdus. La *figure* 18 représente un poirier en pyramide complétement formé.

Fuseau. Le poirier sous cette forme est préparé comme pour la pyramide et taillé d'après les mêmes principes; seulement on ne laisse prendre aux branches latérales que très-peu de développement, de sorte que le diamètre du fuseau tout formé n'est pas plus du tiers de celui de la pyramide. Cette forme convient surtout aux poiriers destinés à former des massifs dans des jardins de peu d'étendue, où l'on peut réunir par ce moyen sur un espace limité un grand nombre des meilleures espèces de poiriers, ce qui serait impossible avec des arbres en pyramide. Souvent, pour diminuer le plus possible le diamètre des fuseaux, on les soumet périodiquement à la taille des racines, de sorte qu'ils n'ont, outre le tronc, que des branches latérales courtes, toutes chargées de productions fruitières. Il faut dans ce cas leur donner de solides tuteurs, car le moindre vent les renverserait, et donner de fréquentes fumures à la terre dans laquelle ils vivent, parce qu'ils ne peuvent aller chercher au loin leur nourriture, faute de racines.

Palmette simple. C'est de nos jours la forme la plus usitée pour le poirier en espalier et en contre-espalier. Le contre-espalier ne diffère en rien de l'espalier quant à la forme et à la taille ; seulement, au lieu d'être, comme l'espalier, palissé le long d'un mur, il est simplement soutenu par un treillage et reçoit l'air et la lumière des deux côtés. Pour bien constituer une palmette simple, on commence par planter un jeune arbre de deux ans de greffe, dont on obtient par la taille une flèche et deux bras latéraux inférieurs. A mesure que l'arbre grandit, on ménage le prolongement de la flèche et la formation des rameaux latéraux à des distances égales, ces rameaux se chargent progressivement de productions fruitières. La *figure* 19 représente un poirier en palmette simple tout formé et en plein rapport ; ses rameaux, au lieu d'être parfaitement horizontaux, sont légèrement inclinés : cette direction est la plus favorable à la répartition égale de la séve entre toutes les parties de l'arbre.

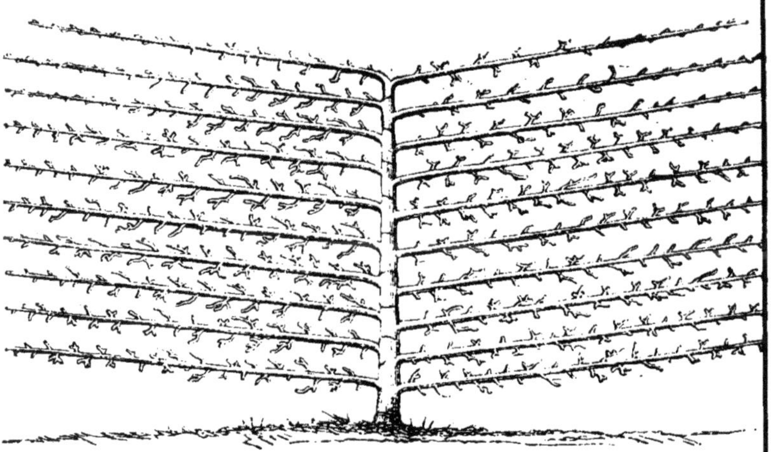

Fig. 19. Poirier en palmette simple.

Palmette double. Elle ne diffère de la palmette simple qu'en un seul point : on commence par faire naître deux flèches au lieu d'une (*fig*. 16, p. 106) ; sur chacune des deux flèches, on provoque par la taille, en opérant comme pour la palmette simple, la formation de rameaux latéraux légèrement obliques.

Cordon horizontal. Cette forme (*fig.* 20, p. 117), d'introduction toute moderne, est une des plus ingénieuses; elle permet de récolter une grande quantité des meilleurs fruits sans enlever, pour ainsi dire, aucun espace aux autres cultures jardinières. Les arbres conduits sous cette forme sont ordinairement vendus tout dressés en pépinière. On les prépare en taillant la flèche à $0^m,50$ au-dessus de terre sur deux bons yeux, l'un à droite, l'autre à gauche. Les rameaux nés de ces yeux remplacent la flèche; ils forment à eux seuls toute la charpente de l'arbre. Les cordons sont conduits sur un gros fil de fer fortement tendu; on leur laisse prendre, selon la richesse du terrain et la vigueur des espèces, de 2 à 3 mètres de longueur à partir du tronc. Leur place habituelle est en arrière des plates-bandes qui règnent le long des allées du jardin potager.

Opérations complémentaires de la taille. Pour bien gouverner, ou, selon l'expression reçue, pour bien *conduire* les arbres fruitiers, la taille ne suffit pas toujours; elle doit être accompagnée de quelques opérations qui la complètent: ces opérations sont le *pincement*, le *cassement* et l'*ébourgeonnement*.

Pincement. C'est, de toutes les opérations relatives à la conduite du poirier, la plus importante après la taille. Elle consiste à retrancher avec l'ongle du pouce une longueur plus ou moins grande de la partie d'un bourgeon encore à l'état herbacé, mais dont la partie inférieure est déjà plus ou moins ligneuse. Il ne faut procéder au pincement qu'avec beaucoup de circonspection, et toujours à plusieurs reprises. Si sur un poirier vigoureux tous les bourgeons qui doivent être pincés l'étaient en même temps, il en résulterait dans la marche de la séve une perturbation qui dérangerait toute l'harmonie de sa végétation. Mais le pincement pratiqué à propos et avec discernement ménage au profit des productions fruitières la séve qui, sans cette opération, serait détournée dans une production de jeune bois sans utilité; il est par conséquent, après la taille et conjointement avec elle, le grand moyen de mettre à fruits les arbres, en hâtant le passage des yeux à bois à l'état de boutons à fruit. Le pincement est aussi fort utile pour faire bifurquer un rameau et obtenir ainsi une branche nécessaire à la formation ou à la réparation de la charpente. Si l'on pince trop tôt, il arrive souvent que l'œil placé au-dessous de la partie pincée prolonge le bourgeon raccourci, de sorte que l'effet désiré n'est pas obtenu ; dans ce cas, il devient nécessaire de pincer le nouveau bourgeon un peu plus tard.

Cassement. Cette opération, analogue au pincement, en diffère surtout en ce qu'elle ne se pratique sur les bourgeons que lorsqu'ils sont passés à peu près complétement à l'état ligneux. On casse alors, à 5 ou 6 centimètres de leur extrémité, les bourgeons dont on désire préparer les yeux inférieurs à se transformer en boutons à fruit. Beaucoup de jardiniers pratiquent le cassement avec la serpette, en coupant le bourgeon à la moitié de son épaisseur et cassant le surplus sans le détacher. Il vaut mieux en général casser simplement avec les doigts, en laissant pendre la partie cassée, qu'on détachera un peu plus tard ; de cette manière, le refoulement de la séve vers les yeux inférieurs est plus assuré.

Ébourgeonnement et éborgnage. Il consiste dans la suppression complète des bourgeons jugés superflus, qu'on détache à leur *empatement,* c'est-à-dire à leur insertion sur un rameau, avant qu'ils soient passés à l'état ligneux. On nomme *éborgnage* un genre d'ébourgeonnement qui consiste à supprimer les bourgeons quand ils n'ont encore que quelques centimètres de long. C'est ainsi notamment que sur un poirier en espalier ou en contre-espalier on peut, dès le premier mouvement de la séve, faire disparaître en les éborgnant les bourgeons naissants dirigés soit en avant, soit en arrière, et qui ne peuvent contribuer à la formation de la charpente.

Pommier. La marche de la végétation est la même chez le pommier et chez le poirier ; ces deux arbres ont les mêmes productions fruitières, et leurs yeux à bois passent de la même manière à l'état de boutons à fruit. Tout ce qui précède, sur la taille, le pincement, le cassement et l'ébourgeonnement du poirier, s'applique de point en point aux mêmes opérations sur le pommier. Ce dernier réussit moins bien que le poirier en *pyramide* et en *fuseau ;* il est ordinairement conduit en *vase* sur trois ou quatre bonnes branches régulièrement espacées, ou bien en contre-espalier, sous forme de *palmette simple* ou *double*. Depuis quelques années, le pommier greffé sur paradis est souvent conduit en *cordon horizontal* sur fil de fer, comme le poirier. Le pommier ayant la plus grande disposition à se souder par la greffe en approche, on dresse des pommiers nains en cordons horizontaux sur deux rangs l'un au-dessus de l'autre, et l'on greffe en approche les extrémités des cordons au point où elles rencontrent le coude du cordon de l'arbre suivant. Cette disposition, représentée par la *figure* 20, tient très-peu de place et offre de grands avantages; c'est une des formes sous lesquelles le pommier nain cultivé dans les jardins est le plus productif.

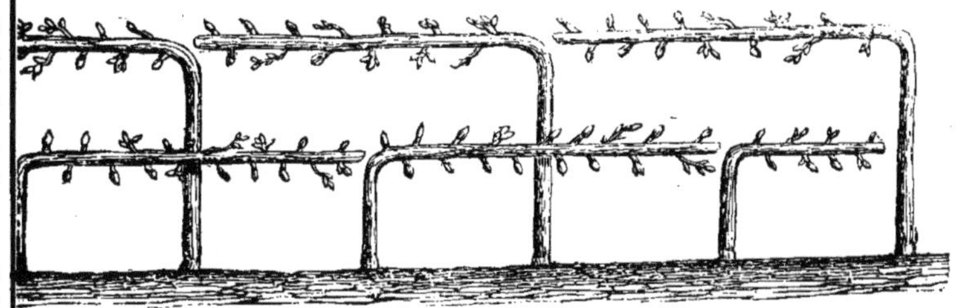

Fig. 20. Pommiers en cordons horizontaux.

CHAPITRE XVI.

Taille des arbres à fruits à noyau.

Pêcher. Marche de sa végétation; but de sa taille. Branches de charpente. Branches à fruit. Coursonnes. Pincement; ses effets. Ébourgeonnement. — Diverses formes du pêcher. Forme carrée. Palmette simple. Cordon oblique simple et double, avantage de cette forme pour les petits jardins. — Abricotier. Sa végétation. Formes qui lui conviennent. — Prunier, en plein vent, en espalier. — Cerisier, en plein vent, en espalier.

La taille et la conduite des arbres à fruits à noyau diffèrent par plusieurs points essentiels de la taille et de la conduite des arbres à fruits à pepins. Le bois des arbres à fruits à noyau est gommeux; la nature de la séve, la formation des boutons à fruit, la floraison et la fructification offrent chez ces arbres des caractères particuliers dont l'étude est la base de la méthode à suivre pour les tailler et les conduire. Cette série comprend le *pêcher*, l'*abricotier*, le *prunier* et le *cerisier*.

Pêcher. Le pêcher tient le premier rang parmi les arbres à fruit à noyau; sous notre climat, il ne mûrit bien son fruit qu'en espalier; il n'est productif que quand il est bien dirigé par une taille raisonnée et qu'il est l'objet d'une surveillance assidue, tant que sa séve est en activité.

Si l'on abandonne à lui-même un pêcher, n'importe sous quelle forme, toute sa séve se porte exclusivement vers le haut des branches, dont la partie inférieure devient semblable à des manches de balai. Tous les ans, quelques fleurs, suivies d'un petit nombre de pêches médiocres, se montrent sur les bourgeons de l'année précédente; ces jeunes branches sont en même temps à bois et à fruit. Une branche de pêcher qui a fleuri et porté fruit *une fois* n'en porte plus jamais, quelle que soit sa durée; elle ne peut que produire de jeunes branches qui seront à leur tour productives *une fois seulement:* c'est la marche invariable de la végétation du pêcher. De l'observation de ces faits il résulte que la taille du pêcher doit avoir pour but, d'une part, d'empêcher la séve de se porter exclusivement vers le sommet de l'arbre et de laisser les parties inférieures dégarnies; de l'autre, de provoquer la formation régulière des pousses annuelles sur lesquelles repose l'espoir de la fructification de l'année suivante; sans ces branches, le pêcher ne produirait absolument rien.

Branches du pêcher. On distingue sur le pêcher les *branches de charpente*, les *branches à fruit* et les *coursonnes*.

Branches de charpente. Ce sont celles qui constituent le corps de l'arbre; on les forme, comme sur le poirier, en taillant plus ou moins long chaque année le bourgeon de prolongement sur un bon œil qui en continue l'allongement l'année suivante. C'est en suivant ce principe qu'on donne à la charpente du pêcher toutes les formes voulues. Dans ces diverses formes, il se trouve des branches de charpente presque horizontales et d'autres presque verticales. Si ces dernières étaient établies en premier lieu par une taille inconsidérée, il deviendrait impossible d'établir les branches horizontales, tant la séve se porterait avec énergie dans les branches verticales; celles-ci ne doivent être formées qu'en dernier lieu, alors que les branches de charpente horizontales ont assez de vigueur pour pouvoir toujours attirer à elles leur part de la séve.

Branches à fruit. On les désigne aussi sous le nom de *petites branches;* sur un pêcher bien conduit les petites branches doivent être distribuées tout le long des branches de charpente, en dessus et en dessous. Celles du dessus se taillent à trois ou quatre boutons, et celles de dessous à deux ou trois boutons seulement. Indépendamment du fruit, ces branches doivent produire près de leur talon le bourgeon qui sera la branche à fruit de l'année suivante. Le jardinier doit favoriser de tout son pouvoir, soit par la taille, soit par le pincement, la formation de ce bourgeon, à la bonne croissance duquel une partie de la récolte est souvent sacrifiée pour ne pas compromettre l'avenir de l'arbre. On nomme *bouquets* de très-petites branches à fruit qui ne se taillent point et qui sont pour le pêcher ce que les *bourses* sont pour le poirier.

Coursonnes. Ces branches, toujours très-courtes, servent de base aux petites branches et sont placées entre celles-ci et les branches de charpente. On ne taille pas les coursonnes; mais lorsqu'elles deviennent trop longues et qu'il y naît un bourgeon capable de les remplacer, on supprime la vieille coursonne en la taillant sur ce bourgeon, qui devient coursonne à son tour.

Pincement. Le pincement joue un rôle très-important dans la conduite du pêcher, dont la végétation a besoin, bien plus que celle du poirier, d'être continuellement contenue. En général, par suite de la tendance constante de la séve du pêcher à se porter vers le haut, il n'est presque jamais nécessaire de pincer sévèrement les bourgeons nés au-dessous des branches de charpente; par leur position inférieure, ils ne sont jamais sujets à aspirer trop de séve. Il faut, au contraire, pincer à deux et même à trois reprises différentes les bourgeons du dessus des branches de charpente ; ceux-là prennent toujours trop de force et tendent à déranger toute l'harmonie de la végétation du pêcher. On pince les plus vigoureux à cinq ou six centimètres ; ceux qui poussent modérément sont pincés seulement à leur extrémité, lorsqu'ils ont atteint $0^m,30$ à $0^m,40$ de long.

Ébourgeonnement. Cette opération se pratique sur le pêcher comme sur le poirier, non pas en une seule fois, mais à plusieurs reprises. Comme il se produit toujours beaucoup plus de bourgeons qu'il n'en faut, soit pour la charpente, soit pour la production du fruit, on fait choix de ceux qui sont le plus convenablement placés pour les conserver et l'on supprime les autres avant qu'ils aient dépassé six centimètres de long. Dans ce triage des bourgeons à éliminer, la règle est de réserver les plus faibles sur le dessus des branches de charpente et les plus forts sur le dessous, afin que leur supériorité de vigueur compense autant que possible leur infériorité de position.

Diverses formes du pêcher. Les formes sous lesquelles le pêcher est le plus habituellement conduit de nos jours sont la *palmette simple* et le *cordon oblique*. On a renoncé à peu près partout à la forme *carrée,* représentée par la *figure* 23, forme longtemps en faveur, mais lente à établir, et inférieure à la palmette sous tous les rapports.

Palmette simple. Cette forme est de nos jours la plus généralement adoptée pour les pêchers en espalier de grandes et de moyennes dimensions (*fig.* 24). Le pêcher en palmette simple s'établit comme le poirier sous la même forme, et par l'application des mêmes principes. Il commence par la taille d'un jeune arbre d'un ou deux ans de greffe, sur trois bons yeux à bois dont l'un constitue le tronc central et les deux autres les branches inférieures de la palmette. Afin de favoriser le développement de ces deux dernières pousses, on les maintient sous un angle très-peu ouvert par rapport à la tige centrale, sauf à les abaisser plus tard pour leur donner une direction presque horizontale. Il importe que, la première année, les deux premières branches inférieures de la palmette soient beaucoup plus vigoureuses que la pousse verticale destinée à devenir le tronc du pêcher. Chaque année, en taillant cette pousse sur deux bons yeux qui donnent une pousse vigoureuse de chaque côté, on ajoute un étage à la palmette jusqu'à ce qu'elle arrive au sommet du mur, sans qu'il y ait un centimètre carré de la surface qui soit perdu pour la production. Sur le pêcher en palmette simple, rien n'est plus facile que de maintenir sans dérangement le parfait équilibre de la végétation et d'assurer la production régulière du fruit, en appliquant d'ailleurs le pincement et l'ébourgeonnement en temps opportun.

Cordon oblique simple et double. Pour conduire le pêcher en espalier sous forme de cordon oblique simple, on ne taille pas la pousse de la première année ; on se borne à l'incliner sous un angle de 45 degrés, position que le pêcher doit conserver pendant toute la durée de son existence. Des coursonnes et des branches à fruit sont ménagées à droite et à gauche de la tige unique qui constitue à elle seule toute la charpente. L'inclinaison a pour effet de donner au cordon la faculté de s'étendre en longueur, en même temps qu'elle empêche la séve de se porter vers le sommet avec un excès de vigueur qu'il serait impossible de maîtriser si le cordon était vertical. Lorsqu'on désire obtenir du pêcher en cordon oblique un plus grand nombre de fruits en lui laissant occuper sur le mur un plus grand espace, on taille d'abord la greffe sur deux yeux qui s'ouvrent en deux bourgeons disposés l'un et l'autre en cordons obliques parallèles entre eux, sous l'angle de 45 degrés.

Sur un espalier garni de pêchers conduits en cordons obliques simples ou doubles, il reste aux deux extrémités du mur des vides triangulaires qui sont comblés en terminant la plantation par deux pêchers en demi-palmette ; la *figure* 22 montre cette disposition. Quand le jardinier ne dispose que d'un mur de peu d'étendue pour la culture du pêcher en espalier, il ne peut pas adopter de forme plus avantageuse que le cordon oblique ; les pêchers sous cette forme pouvant être plantés très-près les uns des autres, il en peut dans ce cas réunir toute une collection et récolter successivement des pêches pendant toute la saison, depuis les plus précoces jusqu'aux plus tardives.

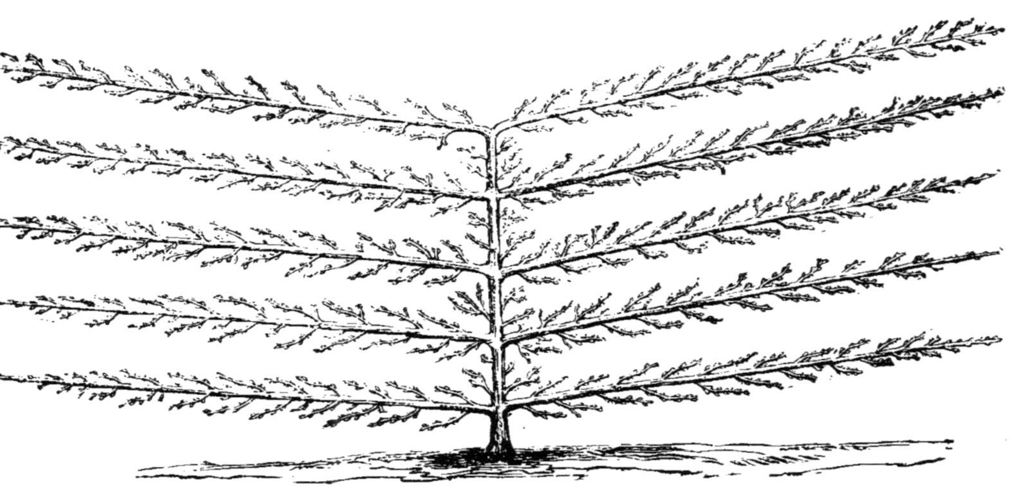

Fig. 21. Pêcher en palmette simple

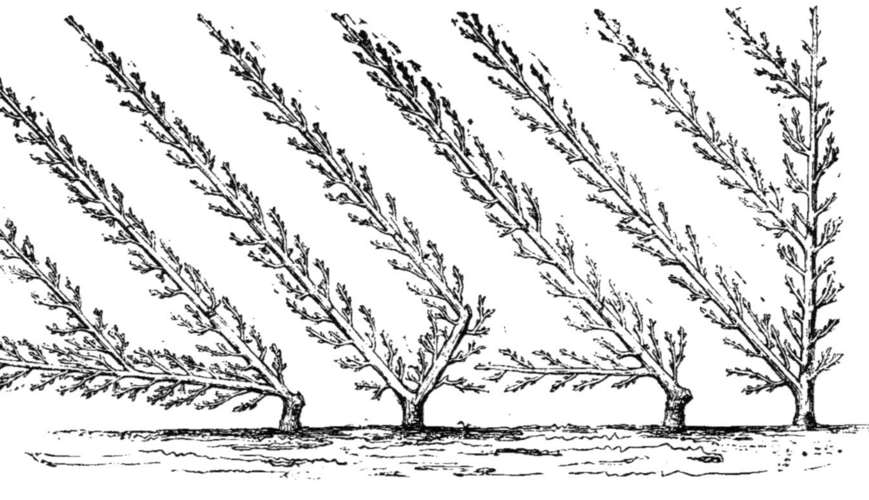

Fig. 22. Pêchers en cordons obliques et en demi-palmette.

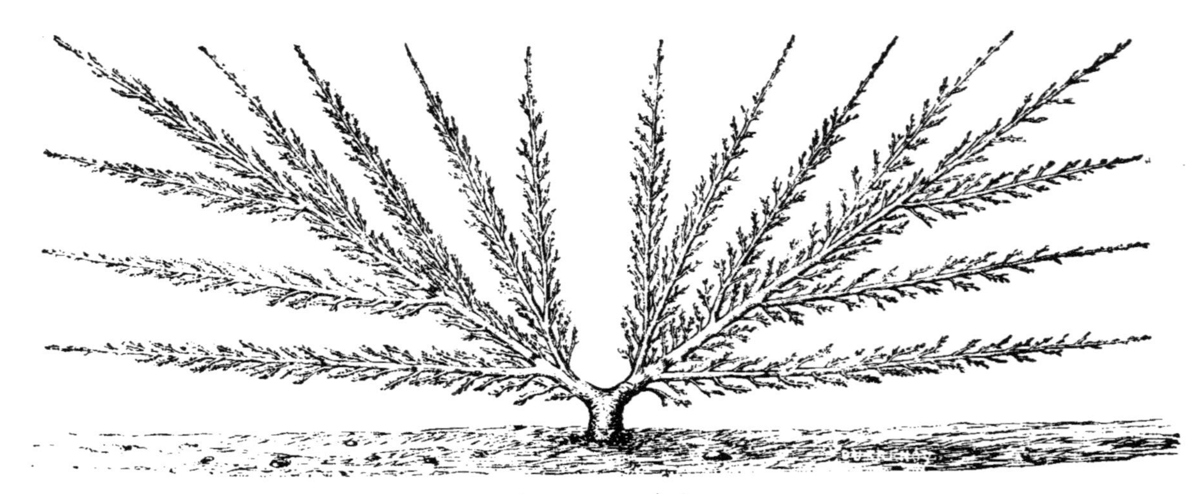

Fig. 23. Pêcher carré.

Abricotier. La marche de la végétation chez l'abricotier diffère de celle du pêcher en ce que les boutons à fruit, portés sur des renflements très-saillants, ne se forment que sur le bois de deux ans. La *figure* 24 représente une branche d'abricotier à sa seconde année, chargée de boutons à fruit en même temps que d'yeux à bois. L'abricotier, étant le plus gommeux de tous les arbres à fruits à noyaux, *n'aime pas le fer*, comme disent les jardiniers, pour exprimer qu'il doit être taillé le moins possible. En espalier, on établit l'abricotier soit en *palmette*, soit en *éventail*, c'est-à-dire sur trois ou cinq branches de charpente rayonnant à des distances égales à partir d'un tronc très-court. En plein vent, à haute tige, on lui donne la forme d'un *vase* établi sur quatre bonnes branches. Mais, de quelque manière qu'on s'y prenne, l'harmonie des formes et l'équilibre de la végétation sont très-difficiles à conserver chez l'abricotier, dont les branches à peine formées sont souvent frappées de mort subite par la maladie de la gomme. L'arbre répare d'ailleurs promptement ses pertes par la vigueur de sa végétation; il ne faut contenir, en les pinçant, que les bourgeons qui poussent avec trop de force : le pincement sert à la fois à les contenir et à les mettre à fruit.

Fig. 24. Branche d'abricotier.

Prunier. La végétation du prunier suit à peu près la même marche que celle de l'abricotier ; il se met de lui-même à fruit et ne veut être taillé que pour enlever les branches mortes ou malades et celles qui font confusion (*fig.* 25). On plante rarement le prunier en espalier, et, dans ce cas, on le conduit comme l'abricotier, en

Fig. 25. Branche de prunier.

ayant soin de tenir courtes les branches à fruit, qui donnent une quantité modérée de très-belles prunes. Quelques-unes des meilleures espèces de prunier, entre autres le prunier de reine-Claude, se reproduisent par le semis des noyaux de leurs fruits et n'ont pas besoin d'être greffées.

Cerisier. Le cerisier en plein vent à haute tige s'établit sur trois ou quatre bonnes branches, puis il est livré à lui-même et n'a plus besoin d'être taillé. On plante quelquefois en espalier les cerisiers des espèces les plus précoces, à une exposition méridionale, dans le but d'avoir des cerises mûres de très-bonne heure, ce qui permet d'en tirer un parti avantageux. La *palmette*, à cordons horizontaux peu éloignés les uns des autres, est la forme la plus convenable pour le cerisier en espalier; ses rameaux parallèles se couvrent d'eux-mêmes de productions fruitières, sans le secours de la taille.

CHAPITRE XVII.

Taille de la vigne, du figuier et des arbustes à fruits.

Vigne. Sa culture dans les jardins. Son mode de végétation. Bourres. Branches de la vigne. Cordons. Sarments. Coursons. Manière de former les cordons. Taille des sarments. Rétablissement des coursons trop allongés. Formes de la vigne : à la Thomery ; en cordons verticaux ; en cordons obliques. Coupe ; époque de la taille. — Figuier. Emplacement. Taille. Ébourgeonnement. Figues de regain ; leur suppression. — Arbustes fruitiers. — Groseillier à grappes; groseillier épineux. Formes : en candélabre, en éventail, en vase. — Framboisier. Taille des drageons.

Vigne. La culture de la vigne dans les jardins, pour la production des diverses variétés de raisin de table, est possible et profitable sur tous les points de notre territoire, même dans les départements où la vigne ne peut être cultivée pour la fabrication du vin. Au nord de la vallée de la Seine, le raisin ne mûrit bien que sur les vignes en espalier.

La marche de la végétation de la vigne offre la plus grande analogie avec celle du pêcher. La vigne ne porte fruit que sur les bourgeons nommés *sarments*, qui naissent chaque année d'un œil nommé *bourre*, parce qu'avant de s'ouvrir il est entouré d'un duvet laineux ou bourre qui le garantit des atteintes du froid. Le sarment qui a porté fruit *une fois* ne peut plus jamais en produire; la vigne livrée à elle-même pendant quelques années seulement se charge de bois stérile et devient absolument improductive; la production du fruit est exclusivement le résultat de la taille. De même que celle du pêcher, la taille de la vigne a pour but de préparer des remplaçants aux rameaux annuels qui viennent de porter fruit, et qui par cela même sont devenus incapables d'en porter ultérieurement.

Branches de la vigne. Chaque pied de vigne, quelle que soit sa forme, est désignée sous le nom de *cep;* on distingue sur le cep les *branches de charpente* ou *cordons*, les *branches à fruit* ou *sarments* et les *coursons;* ces derniers remplissent sur les cordons de la vigne les mêmes fonctions que les branches coursonnes sur les pêchers.

Cordons. Si, lorsqu'on a planté une vigne en bon état, on laisse aller le sarment provenant de l'œil sur lequel on a taillé, ce sarment prend dès la première année, surtout quand le sol est suffisamment fertile, un très-grand accroissement. A la taille suivante, sous quelque forme que la vigne doive être conduite, on ne réserve de ce long sarment qu'une portion proportionnée à sa vigueur, mais dans tous les cas assez courte. On traite de la même manière le prolongement ultérieur des cordons, jusqu'à ce que ceux-ci aient acquis les dimensions désirées. Sans cette précaution, les intervalles entre les nœuds sur le sarment de prolongement seraient très-inégaux; en ne le taillant pas trop long, ces intervalles, qui marquent la place que devront occuper les coursons, ne diffèrent jamais beaucoup entre eux; il importe à la production du fruit que les coursons soient assez rapprochés et distribués le plus également possible sur les cordons.

Sarments. Chez la vigne, la formation du fruit marche parallèlement avec celle du sarment qui le porte; il faut que le bois du sarment *mûrisse* en même temps que le raisin; dans les années pluvieuses et froides, où le sarment reste trop longtemps à l'état herbacé, le raisin ne mûrit pas : le sarment doit donc être gouverné par la taille et le pincement, dans le but de faire *aoûter* le bois, condition indispensable de la maturité du raisin. Le sarment se taille sur un nombre d'yeux plus ou moins considérable, selon la force du cep.

Coursons. La première fois qu'on taille un cordon de vigne, les sarments de l'année suivante sortent des nœuds et y produisent, lorsqu'ils sont taillés à leur tour, un talon qui grandit d'année en année; c'est le commencement du *courson*. Sur les cordons anciennement établis, les coursons finissent par prendre trop de longueur : ce qui offre l'inconvénient d'éloigner du cordon la base du sarment et de placer les grappes nées de ce sarment dans une situation peu favorable à leur maturité. A chaque taille, le jardinier doit observer attentivement les coursons, et lorsqu'il s'y développe un bon œil près de la base, ce qui arrive assez fréquemment, rabattre le courson sur cet œil, pour le renouveler en le ramenant à son point de départ.

Formes diverses de la vigne dans les jardins. La vigne ne donne dans les jardins des produits de première qualité que lorsqu'elle est conduite en espalier ou en contre-espalier. Dans l'un et l'autre cas, elle prend les mêmes formes et doit être dirigée de la même manière. Les formes les plus usitées et les plus avantageuses pour la production du raisin sont celles *à la Thomery* et en *cordons verticaux* ou *inclinés*.

Forme à la Thomery. Cette forme consiste en une seule tige verticale, divisée à son sommet en deux cordons horizontaux d'égale longueur. Pour couvrir complétement un mur, quelle que soit sa hauteur, cette forme est la plus favorable; elle permet d'établir les cordons de vigne d'étage en étage à des intervalles égaux, sans laisser subsister aucun vide. C'est sur des treilles ainsi disposées qu'on récolte le chasselas dit de Fontainebleau, le meilleur raisin de table qui se produise dans le monde. La tige verticale se monte graduellement, sans profiter pour l'allonger trop vite

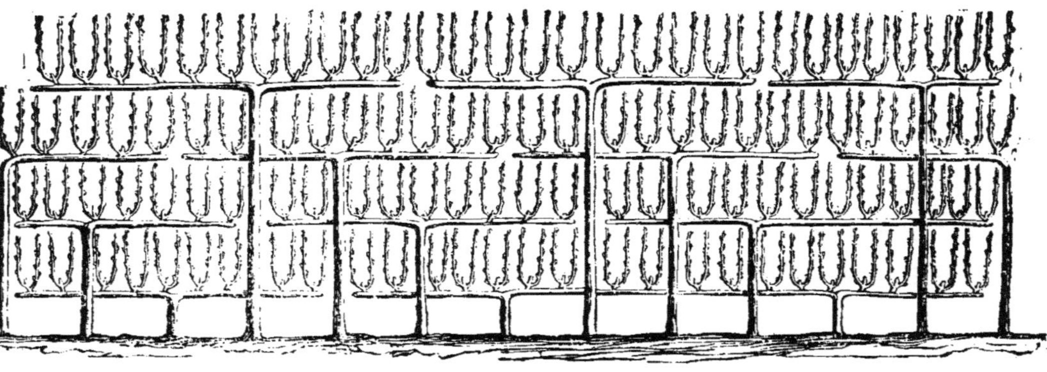

Fig. 96. Vigne a la Thomery.

de la rapidité de croissance naturelle aux ceps jeunes et vigoureux. Parvenue à la hauteur désirée, on lui fait former le T de la manière suivante. Le bourgeon ou sarment de prolongement est courbé pour lui faire prendre la direction horizontale; il est ensuite pincé, pour causer un temps d'arrêt dans sa végétation et faire refluer la séve vers l'œil situé sur le coude du sarment. Presque aussitôt après, cet œil se développe en faux bourgeon; l'œil sur lequel le sarment formant le premier bras du T a été pincé ne tarde pas à se développer de même en faux bourgeon. En inclinant le sarment qui doit former le second bras du T, on a soin de le maintenir par le palissage en ligne droite vis-à-vis du premier; tous deux doivent être dirigés de manière à rendre, à la fin de la belle saison, leur végétation aussi égale que possible. A la taille d'hiver, on les rabat l'un et l'autre sur un bon œil, puis on les fait arriver par degrés à la longueur désirée, qui ne doit pas dépasser 1m,50 de chaque côté de la tige verticale. Par ce procédé d'une grande facilité d'exécution, les coursons, sur les deux bras du T, sont assez rapprochés et très-également espacés; chaque courson taillé sur deux bons yeux donne tous les ans deux sarments à fruit, faciles à gouverner et peu disposés à s'emporter en faux bourgeons superflus. Dans une vigne à la Thomery, les ceps étant plantés très-près les uns des autres n'ont pas de dispositions à prendre un excès de vigueur qui les ferait pousser trop en bois et ferait couler les grappes; le sarment est dans les meilleures conditions pour bien mûrir son bois en même temps que son fruit, et les récoltes se succèdent avec la plus grande régularité. La *figure* 26 montre un mur garni de plusieurs étages de cordons de vignes conduits à la Thomery.

Forme en cordons verticaux ou inclinés. Dans la vigne conduite sous cette forme, on fait développer sur le cep un ou plusieurs sarments qui, par leur prolongement graduel, deviennent des cordons verticaux ou des cordons inclinés; la taille annuelle y fait naître des coursons régulièrement espacés; les sarments à fruit nés sur ces coursons doivent être palissés soit dans les intervalles des cordons verticaux, soit sur ces cordons eux-mêmes. Les cordons verticaux peuvent être accompagnés de cordons obliques plus ou moins inclinés à droite et à gauche, selon l'espace qu'ils doivent couvrir ; leur taille et la formation progressive de leurs coursons doivent se faire exactement comme pour les cordons à la Thomery et d'après les mêmes principes. La *figure* 27 représente les deux formes de la vigne en cordons verticaux et en cordons inclinés.

Coupe de la vigne. Il ne faut jamais tailler ni les branches de charpente, ni le sarment à fruit, trop près de l'œil qui doit s'ouvrir au-dessous de la coupe. L'onglet, entre la coupe et le premier œil placé au-dessous, ne peut pas avoir moins d'un centimètre de long. Sous le climat de Paris, l'époque la plus favorable pour tailler la vigne dans les jardins est en février et mars ; on s'abstient d'y toucher s'il survient des froids tardifs un peu rigoureux, jusqu'à ce que la température se soit adoucie.

Figuier. Bien que le figuier soit essentiellement un arbre des pays chauds, on en peut néanmoins obtenir de bons fruits, même sous le climat de Paris, en lui choisissant une situation parfaitement abritée. Dans les jardins clos de murs, l'angle formé par deux murs exposés l'un au sud, l'autre à

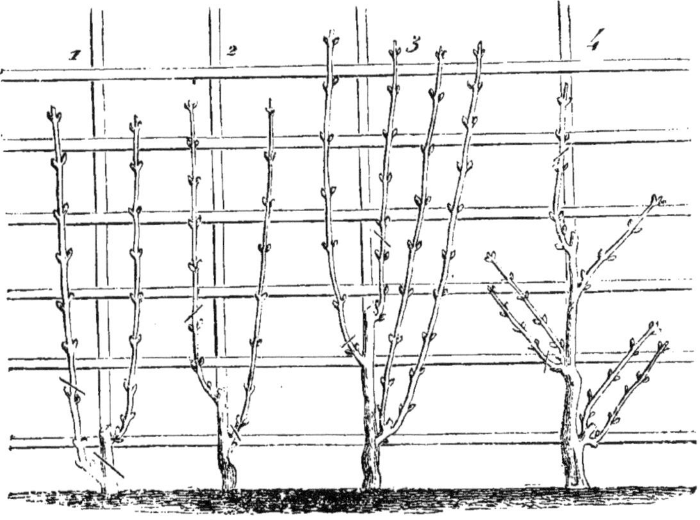

Fig. 27. Vigne en cordons verticaux et en cordons inclinés, première et quatrième taille.

l'ouest, convient particulièrement au figuier ; partout ailleurs, il lui faut un sol en pente inclinée au midi ; on y creuse tous les ans des rigoles dans lesquelles les branches du figuier, réunies en faisceau, sont couchées et recouvertes de terre sèche et douce : ce qui les préserve des atteintes de la gelée. La végétation du figuier ne permet pas de le conduire sous une forme régulière ; il ne peut être élevé qu'en buisson, sur plusieurs tiges ; tous les ans on fait choix d'un ou plusieurs d'entre les rejetons qui naissent de la souche ; on les prépare à remplacer les anciennes pousses épuisées. La taille se borne à retrancher, au mois de mars, après que le figuier a été déterré, les branches mortes ou plus ou moins endommagées ; on supprime, dès qu'ils commencent à s'ouvrir, les bourgeons des extrémités des rameaux, en en conservant seulement deux ou trois près du sommet, afin que les figues qui seront produites par les rameaux inférieurs soient suffisamment ombragées. Chaque buisson ou *cépée* de figuier comprend cinq à six tiges égales entre elles. Il se développe le plus souvent sur le figuier une seconde fructification : c'est ce qu'on nomme le *regain*. Pour en assurer la maturité, les rameaux doivent être pincés en ne réservant que trois figues sur chacun ; mais la plupart des jardiniers suppriment les figues de regain lorsqu'elles ont la grosseur d'une noisette, afin de ne pas fatiguer l'arbre par un excès de production.

Arbustes à fruits. Le *groseillier* et le *framboisier* sont les seuls arbustes à fruits qui soient réellement du ressort de la culture jardinière ; le noisetier, l'épine-vinette et leurs espèces ou variétés appartiennent au bosquet et ne se taillent point.

Groseillier. On cultive dans les jardins le *groseillier à grappes*, dont on possède trois variétés à fruit rouge, blanc et noir : cette dernière est connue sous le nom de *cassis;* et le *groseillier épineux*, aussi connu sous le nom vulgaire de *groseillier à maquereau*, son fruit vert ayant été longtemps l'assaisonnement obligé de ce poisson.

Le groseillier à grappes porte fruit sur le bois de l'année précédente ; ses rameaux se chargent de productions fruitières pendant leur seconde et leur troisième année, après quoi ils cessent graduellement d'être productifs. La taille du groseillier a donc pour but, indépendamment de la forme, de le maintenir toujours suffisamment pourvu de bois de deux et de trois ans. Sous sa forme habituelle, en buisson irrégulier, la taille se borne au retranchement des rameaux épuisés et de ceux qui font confusion.

Formes du groseillier. Lorsqu'on veut conduire un groseillier le long d'un treillage, on lui donne diverses formes, dont les plus usitées sont les formes *en candélabre* et *en éventail*. Quand le groseillier ne doit pas être palissé, on le conduit avec avantage sous la forme *en vase*, la plus favorable de toutes à la production du fruit.

Forme en candélabre. Le groseillier élevé de marcotte ou de bouture sur une seule tige est rabattu sur deux bons yeux qui deviennent des bourgeons de prolongement. Ces bourgeons, d'abord tenus dans une position peu inclinée pour leur laisser prendre de la force, sont ensuite disposés horizontalement et taillés au moins à la moitié de leur longueur. L'année suivante, les bourgeons nés des yeux sur lesquels on a taillé atteignent la limite de la base du candélabre, qui ne doit pas dépasser un mètre de chaque côté de la tige centrale. Parvenus là, ces deux bourgeons sont redressés en ligne verticale, puis on réserve le long de la partie horizontale de la charpente des bourgeons bien placés pour former les autres bras verticaux du candélabre. Le reste de la taille consiste à ménager des branches de remplacement pour pouvoir supprimer le vieux bois de plus de trois ans et maintenir constamment le groseillier à son maximum de production.

Forme en éventail. Elle consiste à faire naître cinq bourgeons sur une tige de groseillier bien constituée et à les écarter sous des angles égaux entre eux, les deux plus bas étant à peu près horizontaux. Cette forme pour contre-espalier convient surtout au groseillier épineux palissé en éventail ; ce groseillier est très-productif, et l'on peut en récolter les fruits sans se piquer les doigts.

Forme en vase. On dresse le groseillier sous cette forme en taillant sur trois yeux dont chacun donne un bourgeon qu'on laisse aller, sans y toucher. Ces trois bourgeons, taillés à 15 ou 20 centimètres de leur base, donnent chacun trois pousses, soit en tout neuf bourgeons, qui suffisent pour constituer le vase. Au besoin, on maintient ces bourgeons dans la situation désirée en les palissant sur un petit cercle de barrique. La *figure* 28 montre un groseillier préparé pour la forme en vase; la souplesse des rameaux permet toujours de les diriger à volonté. La taille ultérieure consiste à supprimer les bourgeons qui pourraient encombrer l'intérieur du vase, où l'air et la lumière doivent toujours pouvoir pénétrer librement.

Le groseillier à fruit noir ou *cassis* se taille et se conduit comme les autres groseilliers.

Fig. 28 Groseillier à grappes en vase, quatrième taille.

Framboisier. On cultive dans les jardins deux variétés de framboisier, l'une à fruit rouge, l'autre à fruit blanc, et une sous-variété remontante qui fructifie en automne aussi abondamment qu'au printemps. Le framboisier se cultive soit par touffes, soit en lignes; il ne peut être soumis à une forme régulière, parce que ses tiges sont annuelles; elles meurent après avoir porté fruit; la souche seule est vivace et donne un grand nombre de drageons. Vers le milieu de juin, on fait choix de ceux de ces drageons qui devront porter fruit l'année suivante; on en réserve ordinairement cinq à six à chaque pied. Au printemps de l'année suivante, ces drageons, devenus ligneux, sont raccourcis à environ 0m,80 de longueur, avant la reprise de leur végétation. Les fruits naissent dans les aisselles des feuilles, comme le montre la *figure* 29. Il vaut mieux tailler le framboisier un peu trop long que trop court, pour en obtenir de bons produits; on coupe rez terre les tiges qui meurent chaque année.

Fig. 29. Branche de framboisier.

CHAPITRE XVIII.

Conservation des fruits.

Récolte et conservation des fruits à pepins. — Poires et pommes. — Fruitier ordinaire. Distribution. Ventilation. Dimension des tablettes. Placement des fruits. — Fruitier Dombasle. Dimensions des caisses. Formation des piles. Provision qu'une pile de quinze caisses peut contenir. — Récolte et conservation des fruits à noyau. — Pêches. — Cerises. — Conservation du raisin, sur la treille, dans le fruitier. Ce qu'il devient s'il est gardé trop longtemps.

Les procédés de conservation des fruits se divisent en deux séries, selon qu'ils s'appliquent aux fruits à pepins ou aux fruits à noyau.

Conservation des fruits à pepins. Pour conserver le plus longtemps et dans le meilleur état possible les *poires* et les *pommes* des espèces qui peuvent se garder, il faut d'abord les récolter au moment opportun. Ce moment est indiqué par la chute spontanée de quelques fruits sains au pied de l'arbre par un temps calme; s'ils tombent sans que leur chute ait été provoquée par le vent ou par toute autre cause accidentelle, c'est qu'il est temps de les cueillir. Une erreur commune, c'est de croire que tous les fruits d'un même arbre peuvent être cueillis en même temps. Ceux qui naissent sur les branches extérieures, au contact de l'air et de la lumière, sont mûrs et bons à cueillir plusieurs jours avant ceux des branches de l'intérieur de l'arbre. Sur un poirier en pyramide, la récolte des fruits ne peut être bien faite qu'à deux ou trois reprises différentes, à une semaine d'intervalle entre chaque cueillette. Quand un arbre assez élevé est très-chargé de fruits sur ses plus hautes branches, il est bon de placer temporairement au pied de l'arbre une couche épaisse de paille, afin que les fruits ne s'écrasent pas dans leur chute. Il ne faut cueillir les fruits de garde que par un temps sec, à l'heure où la chaleur du jour a fait évaporer la rosée de la nuit. Si, par suite de la persévérance du mauvais temps en automne, cette condition ne peut être remplie, on se gardera bien de les essuyer; ils seront étendus sur le plancher d'une chambre bien aérée où l'eau dont leur surface pourrait être mouillée aura tout le loisir de s'évaporer avant que les fruits soient définitivement rangés dans le local affecté à leur conservation. S'ils étaient essuyés, le linge enlèverait en même temps que l'humidité une substance analogue à la cire dont la peau des pommes et des poires est naturellement recouverte et dont la présence contribue très-efficacement à leur conservation.

Fruitier ordinaire. Le local affecté à la conservation des fruits est rarement construit à dessein pour cette destination; c'est même ce qui n'a lieu que lorsqu'une maison de campagne est bâtie à neuf et qu'on y ajoute cet accessoire indispensable. Dans ce cas, le fruitier est une pièce plus longue que large, voûtée, au rez-de-chaussée, dont les fenêtres sont à l'exposition du nord, mais où cependant la gelée ne peut pénétrer. Dans un fruitier ainsi établi à neuf, l air, lorsqu'il doit être renouvelé, ne doit pas être introduit directement du dehors, tout brusque changement de température ne pouvant que nuire à la conservation des fruits. Le fruitier doit communiquer avec une autre pièce dont on ouvre les fenêtres quand il s'agit de donner de l'air à la provision de fruits. A part cette circonstance d'une habitation rurale récemment bâtie, on peut faire servir de fruitier une chambre ou même une cave saine ou une partie d'un cellier, pourvu que ces divers locaux réunissent autant que possible les conditions d'un bon fruitier. Les tablettes fixées au mur pour recevoir les fruits sont munies d'un rebord saillant de 1 ou 2 centimètres sur le devant; leur largeur ne doit pas dépasser 0m,60, sans quoi il devient difficile de toucher aux derniers rangs de fruits sans déranger et froisser plus ou moins ceux des premiers rangs. Les fruits, avant d'être posés sur ces tablettes, quand même ils auraient été récoltés par le plus beau temps et dans le meilleur état possible, sont toujours au préalable étendus sur le plancher d'une chambre pendant deux ou trois jours : ils y perdent une partie de leur eau de végétation, qui, si elle s'évaporait dans le fruitier, y formerait une atmosphère trop humide. On les range ensuite sur les tablettes, chaque espèce à part, autant que possible par ordre de maturité. La surveillance la plus assidue doit être exercée sur les tablettes du fruitier, afin d'empêcher les fruits qui commencent à se corrompre de faire gâter le reste de la provision.

Fruitier Dombasle. L'appareil des plus simples imaginé par Mathieu de Dombasle pour remplir les fonctions du fruitier possède le précieux avantage de tenir très-peu de place et de pouvoir se placer partout ; il suffit que la pièce où on l'installe soit à l'abri de la gelée et qu'il n'y règne pas une température trop chaude, car la chaleur est plus nuisible à la conservation des fruits que ne peut l'être le froid quand il ne descend pas jusqu'au-dessous de zéro. Cet appareil consiste en des caisses carrées, de dimensions variables à volonté, munies de poignées de bois ou de fer sur deux de leurs côtés opposés pour en faciliter le déplacement. Ces caisses à fond plat n'ont pas plus de 7 à 8 centimètres de profondeur ; elles n'ont pas de couvercle : leurs bords sont ajustés de telle sorte qu'en les posant l'une sur l'autre elles se recouvrent exactement. Les fruits sont rangés dans l'une de ces caisses comme ils le seraient sur la tablette d'un fruitier ; puis on pose sur cette caisse pleine une caisse vide qu'on remplit et qu'on recouvre de même pour former une pile de caisses d'une hauteur variable à volonté. Chaque pile se termine par une caisse vide qu'on enlève pour visiter l'une après l'autre le contenu des caisses en reformant la pile à côté de la place qu'elle vient d'occuper. Ni la poussière ni les souris ne peuvent atteindre les fruits conservés dans le fruitier Dombasle. Dans une pile de 15 caisses ayant chacune $0^m,65$ de long sur $0^m,40$ de large, on peut loger facilement une provision de 2,000 à 2,500 poires ou pommes d'un volume ordinaire. Ces caisses sont d'autant moins coûteuses qu'on peut les construire en planches minces de sapin ou de peuplier.

Les fruits à pepins sont les seuls qui se conservent longtemps, et dont la conservation a une importance réelle au point de vue économique. Il peut néanmoins, en certaines circonstances, n'être pas sans intérêt de garder pendant un certain temps même ceux d'entre les fruits qui se gâtent le plus vite, lorsqu'il s'agit de pouvoir les vendre ou les livrer à la consommation à un moment déterminé.

Conservation des fruits à noyau. Il est à peu près impossible de prolonger la durée des *prunes* et des *abricots*. Ces fruits ne sont réellement bons que lorsqu'on les mange au moment où ils arrivent à maturité sur la branche qui les a produits.

Les *pêches* peuvent se conserver huit à dix jours dans un local frais où les rayons du soleil ne puissent les atteindre. La seule mesure de précaution à prendre dans ce but, c'est de les cueillir deux ou trois jours avant qu'elles aient acquis leur parfaite maturité. Les pêches, au moment de les vendre, sont habituellement brossées avec une brosse douce qui détache le duvet dont ce fruit est couvert. Ce duvet est excessivement malsain : si les femmes chargées de brosser les pêches n'avaient soin de se placer dans un courant d'air assez vif pour entraîner le duvet et que cette substance malfaisante fût mêlée à l'air qu'elles respirent, elles en seraient sérieusement indisposées. Il ne faut brosser qu'au moment de les servir sur la table les pêches dont on veut retarder la maturité; la présence du duvet à leur surface, en préservant leur peau du contact direct de l'air, retarde leur décomposition.

Lorsqu'on désire prolonger de deux mois et même plus la durée des *cerises*, c'est sur l'arbre lui-même qu'il faut les conserver. Après avoir soigneusement visité une à une les cerises d'une branche de cerisier, pour éliminer toutes celles qui ne semblent pas parfaitement saines, on isole cette branche, puis on l'enferme dans une épaisse chemise de paille solidement fixée par des liens d'osier, mais de manière à ne pas froisser les fruits. Privées ainsi du contact de l'air et de la lumière, les cerises ne se dessèchent ni ne s'altèrent. On peut découvrir la branche en septembre ou même en octobre, et retrouver les cerises telles qu'elles étaient le jour où elles ont été renfermées dans l'enveloppe de paille. Ce mode de conservation s'applique aux *groseilles* de la même manière et avec le même succès.

Conservation du raisin. Le mode le plus simple de conservation du *raisin*, c'est de le laisser sur la treille après la chute des feuilles ; on établit un auvent mobile à la partie supérieure du mur le long duquel la vigne est palissée; de fortes toiles sont suspendues au bord de cet auvent et maintenues par des attaches fixées à des piquets. Par ce procédé, le raisin ne se garde que jusqu'aux premières gelées; mais c'en est assez pour qu'il se vende en novembre et décembre à des prix très-élevés. Le raisin se conserve plus longtemps sur les tablettes du fruitier, où les grappes sont posées sur un lit épais de fougère sèche; on peut aussi suspendre les grappes à des cercles de tonneau, ou simplement à des clous fixés aux rebords des tablettes du fruitier. Mais si l'on prolonge trop longtemps la conservation du raisin, même dans les circonstances les plus favorables, l'influence de l'air fait sécher sa substance intérieure, rider sa peau, changer complétement sa saveur naturelle, et sans être gâté il finit par n'avoir plus aucune valeur.

Il en est de même de tous les fruits; ils doivent être mangés à leur point de maturité, selon leur espèce. Si l'on s'obstine à les conserver au delà, et que, selon l'usage adopté dans beaucoup de maisons, on ne consente à servir sur la table que les fruits qui commencent à se gâter, comme tous doivent finir par là, il s'ensuit qu'avec des arbres fruitiers des meilleures espèces, bien taillés et bien conduits, on peut ne jamais manger un seul bon fruit, résultat définitif qui ne semble pas rationnel.

CALENDRIER D'HORTICULTURE.

JANVIER.

Quoique le mois de janvier fasse partie de ce qu'on nomme la *morte saison*, et que, sous le climat de Paris, ce mois représente l'époque de l'année où le sommeil annuel de la végétation est aussi complet qu'il peut l'être, la besogne ne manque pas en janvier dans les diverses divisions du jardin. Pour quiconque s'occupe de jardinage, il n'y a pas dans l'année d'époque de repos absolu ; le vrai jardinier ne doit pas plus se reposer que la terre de son jardin.

Jardin potager. Il ne doit rester en janvier dans le potager que les légumes vivaces (artichauts, asperges), un peu de mâches et d'épinards, des salsifis, des scorsonères et des poireaux ; tous ces légumes bravent à l'air libre, sans aucun abri, le froid le plus rigoureux des hivers du climat moyen de la France. Les autres produits du potager ont dû successivement disparaître et laisser la place libre pour les labours préparatoires et la fumure qui doivent mettre le sol en état de recevoir les semailles et les plantations du printemps ; le fumier ne se conserve nulle part mieux que dans la terre qu'il doit fertiliser. Quand cette terre est d'une nature plus ou moins argileuse et compacte, on lui donne en janvier, en profitant d'un intervalle entre deux gelées, un labour profond, en prenant la terre en grosses mottes qu'on laisse, sans les briser, à la surface de la terre bêchée. Les gelées qui surviennent plus tard pénètrent complétement ces mottes, qui tombent en poussière au dégel suivant.

La fumure enterrée dans les carrés du potager ne doit pas être de moins de *un mètre et demi cube par are*. Le fumier d'étable et d'écurie à demi consommé est le plus convenable pour la fumure du potager.

Si l'hiver est doux, mais sec, on peut sans inconvénient laisser les artichauts buttés et garnis de feuilles sèches dans l'état où ils ont dû être mis, pour passer l'hiver, au mois de novembre de l'année précédente. Si l'hiver est doux et pluvieux, il faut non-seulement découvrir le cœur de l'artichaut tant qu'il ne gèle pas, afin de l'empêcher de s'étioler, mais encore dégager plus ou moins le pied de la terre amoncelée tout autour. Cette terre détrempée par les pluies exposerait les artichauts à la pourriture. On se hâte, à la moindre apparence du froid un peu vif, de rétablir le buttage, et de replacer sur les artichauts leur couverture de feuilles et de litière sèche.

On place sur une partie des couches d'asperges un lit épais de fumier en fermentation par-dessus lequel on pose des châssis vitrés ; la chaleur du fumier ne tarde pas à se communiquer aux griffes d'asperges, qui entrent immédiatement en végétation. Les asperges forcées en janvier sont très-recherchées et très-avantageuses pour la vente.

On abrite sous des châssis ou, à défaut de châssis, sous des paillassons soutenus par des lattes ou des rames à pois, le plant de chou-fleur semé en automne sur costière, au pied d'un mur au midi, et qui doit servir pour les plantations de printemps.

Jardin fruitier. La plantation des arbres fruitiers, commencée le mois précédent, est continuée en janvier, tant qu'il ne gèle pas. On taille les poiriers et pommiers en plein vent, en pyramide et en fuseau, en ayant soin d'enlever, à mesure qu'on les découvre, les nids de chenilles et les anneaux d'œufs de lépidoptères destinés à devenir des paquets de chenilles. On taille en dernier lieu les arbres des espèces tardives ; les poiriers en espalier peuvent n'être taillés que le mois suivant.

On profite des jours de neige et de forte gelée, durant lesquels il n'y a rien à faire dans le jardin, pour réparer les châssis et renouveler au besoin la provision de paillassons, dont on aura besoin au printemps pour abriter la floraison des abricotiers et pêchers en espalier.

Parterre. Malgré le froid de la saison, le parterre doit offrir en janvier des perce-neiges et des tussilages en fleurs, des violettes, des crocus et des saxifrages roses prêts à fleurir. Si l'on a planté des oignons de jacinthe en pleine terre en automne, ils doivent rester pendant tout le mois de janvier couverts de litière sèche, mais non de fumier : le contact du fumier ferait pourrir les oignons, qui seraient perdus sans ressource.

FÉVRIER.

Jardin potager. Les jardiniers maraîchers des environs de Paris disent que février *leur doit* quinze jours de beau temps, dont mars leur fait payer les intérêts. Quand la seconde quinzaine de février amène son contingent de beaux jours, et que les froids les plus rigoureux semblent passés, les semailles de printemps peuvent être commencées en février. On sème au commencement du mois, au pied des murs à l'exposition du midi, des pois Michaux précoces et des pois anglais Prince-Albert : c'est ce que les jardiniers nomment faire des pois de la Chandeleur. Mais le plus souvent, comme dit le proverbe : « A la Chandeleur, grande douleur ; » il fait trop froid pour semer quoi que ce soit, à moins que ce ne soit sur couche. Les pois dits de la Chandeleur ne sont ordinairement semés que vers le 15 février. On sème successivement pendant tout le courant de février, à l'air libre, des graines de poireau, de laitue, de persil, de cerfeuil, de cresson alénois. On sème aussi, dans les situations abritées, des fèves juliennes précoces au commencement du mois et des fèves de marais, ainsi que des fèves anglaises de Windsor, en plein carré.

Sous châssis, les semis de haricots flageolets pour la production des haricots verts sont renouvelés deux fois au moins dans le courant du mois. On couche et l'on pince au sommet les pois forcés sur couche et semés en décembre ; ils doivent être en pleine fleur au mois de février. On sème le plant de melons sur couche chaude et la graine de carottes précoces (toupie de Hollande) sur couche tiède. On découvre les artichauts aussi souvent que le temps le permet, et l'on continue à forcer les asperges comme le mois précédent.

Jardin fruitier. On continue la taille des arbres fruitiers, surtout celle des arbres en espalier. S'ils sont palissés sur treillage de bois, on les détache branche par branche pour pouvoir nettoyer à fond les deux surfaces du treillage et détruire les limaçons et les larves d'insectes toujours logés en grand nombre entre la surface postérieure des brins de treillage et le mur d'espalier.

La seconde quinzaine de février est le moment de l'année le plus favorable pour couper et mettre en jauge, en attendant le moment de les mettre en place, les jeunes pousses de groseillier et les sarments de vigne, ainsi que les crossettes pour bouture. En taillant la vigne, on réserve sur le bas des ceps en contre-espalier les sarments dont on veut faire des provins. En taillant les arbres à fruits à pepins, on fait choix des meilleurs bourgeons les mieux aoûtés, pour y prendre des greffes ; ceux qu'on réserve pour cette destination sont piqués en terre dans une situation ombragée ; on les préserve avec soin des atteintes du froid et de celles de la sécheresse.

Parterre. Les crocus, les saxifrages roses, en boutons dès la fin de janvier, sont en fleurs en février ; le mauvais temps gâte assez souvent leur floraison, mais on en jouit pour ainsi dire à la dérobée pendant les rares beaux jours de février. Dès la fin du mois, quand il est survenu quelques belles journées, on peut semer en place du pied-d'alouette nain et de la julienne de Mahon. Ces premiers semis, fort aventurés, doivent être assez épais pour qu'en cas de froids tardifs une partie des jeunes plantes subsiste et puisse fleurir de très-bonne heure. La giroflée jaune à fleur simple, à odeur de violette, fleurit souvent dès la fin de février, à la suite des hivers doux.

MARS.

Jardin potager. Dès les premiers jours de mars commence pour le jardinier la période d'activité non interrompue. Les produits de la culture forcée, petits pois, haricots verts, asperges, laitues, carottes hâtives, prennent journellement le chemin de la cuisine ou celui du marché, si la production en est suffisamment abondante. Il ne doit plus rester de vide dans les carrés du potager ; tous doivent être occupés par des plantes diverses, semées, repiquées, transplantées. On repique une fois au moins, dans le courant de mars, le plant de chou-fleur qu'on a fait hiverner sur costière et qui doit être bon à mettre en place dès les premiers jours d'avril; on repique sur couche sourde le plant de chou-fleur obtenu sur couche tiède; on l'habitue par degrés à l'air en soulevant les châssis. On sème sur les couches à melons des tomates qui seront mises en place à l'air libre au mois de mai.

Les tonneaux enterrés, les conduits souterrains, les pompes à manége, sont visités et réparés au besoin; les premières sécheresses, connues sous le nom de *hâle de mars*, rendent les arrosages très-nécessaires dans le potager.

Les artichauts sont découverts et *débuttés* par degrés, avec ménagement; les asperges reçoivent une façon superficielle à la fourche et une légère fumure qui n'a pas besoin d'être enterrée. Les racines qui ont passé l'hiver en jauge et qui doivent porter graine sont délivrées des feuilles pourries ou étiolées et mises en place dans un carré largement fumé. On plante les oignons pour graine dans un carré fumé de l'année précédente ayant donné au moins une récolte sur la fumure.

On donne un premier binage aux pommes de terre précoces plantées avant l'hiver et qui commencent à pousser. On sème en pleine terre, à l'air libre, les carottes et le plant de toutes les espèces de choux. Les poireaux plantés entre les lignes des jeunes fraisiers sont enlevés et vendus avant que les fraisiers ne rentrent en pleine végétation, dans la première quinzaine de mars.

Jardin fruitier. On se hâte de terminer en mars la taille des arbres à fruits à pepins et de la vigne, pour n'avoir plus à s'occuper que de la taille du pêcher, qu'on taille lorsqu'il commence à fleurir, en commençant par les arbres à fruit précoce et finissant par ceux dont les pêches ne mûrissent qu'en septembre. Les pepins et les noyaux sont semés en pépinière; le plant provenant des semis de l'année précédente est arraché avec précaution et transplanté à des distances convenables, en attendant qu'il puisse recevoir la greffe.

Parterre. C'est dans la première quinzaine de mars que le parterre doit revêtir sa tenue de printemps. Les plantes vivaces et bisannuelles à floraison précoce, spécialement les thlaspis, les silènes, les alyssum (corbeille d'or), regarnissent les plates-bandes. On plante les oignons de jacinthe, quand le climat local n'a pas permis de les faire hiverner en terre, et les griffes de renoncules et d'anémones conservées dans des tiroirs. Les derniers crocus et, de plus, la fritillaire (couronne impériale), les iris, les hépatiques roses et bleues et une foule de jolies plantes printanières rendent au parterre sa parure de fleurs, qui doit être renouvelée sans interruption jusqu'à la fin de l'automne. On dédouble, pour les rajeunir, les bordures de bellis (petite marguerite) et d'œillets mignardise ; on tond régulièrement les bordures de buis ; le sable des allées est renouvelé pendant les sécheresses qui succèdent aux giboulées de mars.

AVRIL.

Jardin potager. Les travaux dans le potager sont en pleine activité, les cultures forcées perdent de leur importance et donnent leurs derniers produits. Le plant de melons est repiqué sur couches et soigneusement abrité contre les coups de soleil trop vifs qui se font sentir dès la fin d'avril. Les melons les plus avancés ont déjà besoin d'être pincés et taillés à la même époque. En récoltant les asperges, dont les pousses doivent être coupées entre deux terres, on prend garde de ne pas endommager le collet des griffes, ce qui arrêterait leur végétation et réduirait presque à rien le reste de la récolte. Pour obtenir de bonne heure à l'air libre des fraises qui succèdent sans interruption à celles qu'on a pu forcer sous châssis, on élève en arrière des planches de fraisiers, dirigées de l'est à l'ouest, des paillassons accrochés à des piquets faisant face au sud. Ces espaliers temporaires, mis en place en avril, hâtent de huit à dix jours la floraison des fraisiers, par conséquent l'époque de la maturité des fraises. Les tomates semées en mars sur les couches à melon donnent en avril du plant bon à repiquer en plein air, soit au pied des murs d'espalier, soit au bas des paillassons qui protégent les fraisiers à floraison précoce. On sème toute espèce de salades et de légumes annuels à l'air libre, spécialement des laitues, des chicorées, des oignons, des poireaux et des carottes. Les haricots semés sur couche tiède, sous châssis, tout près les uns des autres, sont bons à transplanter à l'air libre à la fin d'avril. Si le temps est défavorable, en ayant soin de les arroser très-peu, ils peuvent attendre sur la couche, sans avancer ni dépérir, et n'être transplantés que le mois suivant; ils donneront des haricots verts dix à quinze jours plus tôt que ceux de même espèce semés en place à l'air libre.

Les arrosages soir et matin sont déjà nécessaires dans la seconde quinzaine d'avril. Le jardinier ne doit pas perdre de vue la nécessité d'arroser à fond, de *mouiller* le potager, comme disent les maraîchers parisiens : une fois qu'on commence à arroser, on doit savoir qu'un peu d'eau répandue à la surface du sol et évaporée au bout d'un quart d'heure fait à toutes les cultures potagères plus de tort que de bien; il faut mouiller complétement matin et soir, ou ne pas arroser du tout; mais si l'on prend ce dernier parti et qu'il ne pleuve pas, on risque de tout perdre en quelques jours.

Les plantes médicinales vivaces cultivées dans une des dépendances du potager, notamment la guimauve, la menthe, la mélisse, la lavande et la sauge, doivent être relevées, dédoublées et transplantées dans la première quinzaine d'avril, les unes en ligne dans des plates-bandes, les autres en bordures autour des carrés du potager.

Jardin fruitier. Bien qu'une partie des arbres à fruits à pepins puisse être encore plantée en avril et même en mai avec chances de succès, il vaut toujours mieux s'arranger pour arrêter les plantations dès les premiers jours d'avril. La taille, même celle des pêchers, doit être terminée à la même époque. On donne le premier ébourgeonnement, qui consiste à supprimer complétement ceux des yeux à bois dont on n'a pas besoin, avant qu'ils se soient développés en bourgeons qui absorberaient en pure perte une partie de la séve. On greffe en fente dans les pépinières les arbres à fruits à pepins.

Parterre. On sème en place une partie des plantes annuelles dont on a déjà semé une partie le mois précédent, notamment les pavots, les coréopsis, les clarkies, les belles-de-jour, les belles-de-nuit, les lavatères, afin que toutes ne fleurissent pas à la fois. Vers la fin d'avril, les alyssum (corbeille d'or), dont la floraison est passée quand le printemps a été précoce, sont remplacés dans le parterre par des œillets de poëte, des campanules-carillon, des mathioles, sur le point de fleurir, afin qu'il ne se trouve pas de vides désagréables à la vue. La floraison des plantes d'ornement de pleine terre étant déjà très-variée, le jardinier prend soin d'assortir les couleurs et de rapprocher les unes des autres les plantes dont les fleurs offrent des nuances qui s'harmonisent agréablement entre elles. Dès la fin d'avril, en cas de chaleurs, le parterre doit être arrosé d'après les mêmes principes que le potager.

MAI.

Jardin potager. La besogne, dans le potager, n'est pas moins urgente en mai qu'en avril. C'est dans la première quinzaine de ce mois que se font à l'air libre les principaux semis de haricots nains flageolets, haricots princesse mange-tout, à grandes et à moyennes rames, et les semis de pois tardifs, Clamart, Marly et ridés de Knight. C'est aussi le moment où le plant de melons, citrouilles, concombres, cornichons, élevé sur couche sous châssis, peut être transplanté à l'air libre. A défaut de châssis et de plant préparé d'avance, on peut semer les graines de toutes ces plantes à l'air libre, mais à l'exposition la plus méridionale possible, dans des trous remplis de fumier et de bonne terre de jardin par parties égales. Les semis de cornichons peuvent se faire jusqu'à la fin de mai; ceux de melons ne donnent de bons résultats que quand ils sont faits pendant la première quinzaine de mai, autrement les fruits sont exposés à mûrir trop tard ou à ne pas mûrir du tout.

On pince les sommités fleuries des pois et des fèves précoces en fleurs, afin que les fleurs conservées au-dessous du pincement donnent des cosses qui se remplissent de bonne heure.

Vers le milieu de mai, si l'on dispose de plusieurs planches de fraisier remontant (des quatre saisons) en plein rapport, qui commencent à fleurir, on en sacrifie quelques-unes dont on coupe au niveau du sol les feuilles et les tiges florales. Par ce moyen, en ayant soin de ne pas les laisser souffrir de la sécheresse en été, ces fraisiers donnent en automne une récolte aussi abondante que celle de la première saison des fraises.

Jardin fruitier. Quoique la besogne de la plantation doive être terminée depuis un mois, s'il arrive que, par une cause accidentelle, des arbres déjà âgés doivent être déplacés pour faire place à une construction ou pour tout autre motif, la transplantation peut encore se faire en mai avec chances de succès. On prend, dans ce cas, la précaution d'enduire d'onguent de Saint-Fiacre le tronc et les principales branches de la charpente des arbres transplantés.

L'ébourgeonnement commencé en avril est continué en mai. Si, dans un arbre en espalier, un des côtés végète avec moins de vigueur que l'autre, il est dépalissé dans la première quinzaine de mai, et la partie la plus faible est maintenue, au moyen de piquets, en avant de la surface du mur, de manière à ce que l'air lui arrive sur ses deux côtés. Lorsqu'elle est redevenue égale en vigueur à celle qui n'a pas été dépalissée, cette partie de l'arbre en espalier est remise à sa première place.

Parterre. L'amateur doit, vers le milieu de mai, donner des soins particuliers à la floraison des jacinthes, tulipes, anémones, renoncules, qui doivent être dans tout leur éclat. Les jacinthes très-doubles à haute tige, sujettes à être abattues et rompues par les fortes pluies et les coups de vent violents, ont besoin d'être maintenues par des tuteurs. Les meilleurs sont des baguettes peintes en vert, supportant deux ou trois anneaux de fil de fer dans lesquels passe la tige de la jacinthe. Ces tuteurs ne se voient presque pas et ne nuisent pas au bel effet d'une planche de jacinthes aux couleurs variées.

Le dahlia, espoir de l'ornement du parterre en automne, est mis dès les premiers jours de mai au *germoir;* c'est-à-dire que les tubercules, conservés dans une cave saine ou un cellier à l'abri de la gelée, en sont tirés pour être mis en terre, tout près les uns des autres, sous un châssis vitré. Lorsque leurs pousses sont suffisamment prononcées, on les met en place, vers la fin de mai, dans les plates-bandes du parterre, en ne laissant à chaque touffe qu'une seule pousse, afin qu'elle forme une tige très-vigoureuse, qui plus tard donnera, selon son espèce, la plus riche floraison possible.

JUIN.

Jardin potager. Le travail du jardinier dans le potager pendant le mois de juin est plus actif, mais aussi plus agréable que durant les mois précédents : c'est en juin qu'il récolte dans leur plus grande abondance les plus avantageux d'entre les produits du potager. La récolte des asperges, qui pourrait se prolonger encore, est arrêtée dès les premiers jours de juin, pour ne pas épuiser les griffes et ne pas sacrifier l'avenir au présent. Le jardinier ne récolte jusqu'à complet épuisement que les asperges des planches déjà anciennes qui ont fait leur temps et doivent être supprimées l'année suivante. Les artichauts commencent à donner; les fraises de toutes les variétés sont en pleine récolte. On doit les cueillir avec précaution, pour éviter d'endommager les tiges qui portent en même temps des fleurs, des fruits à demi formés et des fruits complétement mûrs. On a soin d'enlever, sans donner trop de secousses aux plantes, les filets ou coulants, dont on réserve la quantité dont on présume qu'on aura besoin pour les plantations de l'année suivante.

Les arrosages, plus fréquents et plus abondants que jamais, ne doivent pas être ménagés dans le potager en temps de sécheresse ; les fraisiers, par exception, doivent être largement arrosés, même quand il a plu ; les fortes pluies d'orages surtout causent aux fraisiers un tort très-sensible, contre lequel il n'y a d'autre remède que de les mouiller à fond, quelque temps après que la pluie d'orage a cessé.

Les melons, dont les premiers transplantés doivent approcher de leur maturité, sont, selon l'état plus ou moins avancé de leur végétation, taillés, arrosés, recouverts de cloches ou de châssis ; les fruits, à mesure qu'ils grossissent, sont posés sur des morceaux de tuile ou de brique qui les préservent du contact immédiat de la couche. A dater du commencement de juin jusqu'à la fin de la saison des orages, les paillassons et la litière longue, destinés à recouvrir au besoin les châssis et les cloches sous lesquels les melons sont abrités, doivent toujours être disponibles en quantité suffisante à portée de la melonnière, afin qu'en un tour de main, à l'approche d'un violent orage qui peut souvent être accompagné de grêle, les melons puissent être efficacement protégés.

Les semis de légumes annuels continuent dans le potager durant tout le mois de juin ; les semis de pois doivent être arrêtés avant la fin de juin : semés trop tard, les pois donnent des plantes qui fleurissent bien, mais dont les fleurs ne forment que des cosses à peu près vides. Les haricots semés vers la fin de juin ne peuvent mûrir complétement leur grain avant l'arrivée des premières gelées; mais ils donnent jusqu'en automne d'excellents haricots à écosser frais : les flageolets et les autres haricots nains ou sans rames sont les meilleurs pour ces semis tardifs.

Jardin fruitier. La greffe en écusson est la besogne la plus importante du mois de juin dans le jardin fruitier. Les arbres en espalier sont, en proportion de la vigueur de leur végétation, contenus par le pincement et l'ébourgeonnement. Si, comme il arrive assez souvent, les pêches et les abricots ont noué en trop grand nombre et que les arbres s'en trouvent surchargés, il ne faut pas hésiter à en sacrifier une partie pour assurer le grossissement normal et la parfaite maturité du reste.

Parterre. La floraison des rosiers, commencée dès le mois précédent, est en juin dans tout son éclat. Pour en jouir pleinement, il faut, durant tout le mois de juin, visiter chaque matin les rosiers et couper avec des ciseaux la tige des roses qui ont passé fleur. C'est aussi l'époque de l'année où les rosiers de toute espèce peuvent, avec le plus de chances de succès, être greffés sur églantier.

Les oignons de jacinthes, de tulipes, les griffes d'anémones et de renoncules, sont relevés dès que leurs feuilles commencent à jaunir. Les *caïeux* ou petits oignons formés autour de ceux qui ont fleuri sont mis à part pour la multiplication. Si l'on a réservé à la plantation de printemps une partie des griffes de renoncules , on peut en planter une nouvelle planche en juin; les renoncules fleuriront en septembre. Le plant de balsamines, de pétunias, de reines-marguerites, de tagètes et des autres plantes d'ornement annuelles semées en pépinières est mis en place dans le parterre à mesure qu'il devient assez fort pour supporter la transplantation. Les plantes d'orangerie et de serre froide cultivées dans des pots, spécialement toute la série des fuchsias et celle des pélargoniums, peuvent figurer à partir du mois de juin dans les plates-bandes du parterre où les pots sont enterrés ; ils y séjournent jusqu'à l'arrivée des premiers froids. Le jardinier ne doit pas oublier quelques pots d'héliotrope qui, placés de distance en distance, contribueront avec le réséda et les œillets à parfumer le parterre.

JUILLET.

Jardin potager. Les soins à donner aux porte-graines sont un des travaux les plus importants du jardinier dans le potager pendant le mois de juillet. Les choux-fleurs et les diverses espèces de choux qu'on a laissés monter en graine au printemps ont besoin d'une surveillance assidue : vers la fin de juillet, leurs graines approchent de leur maturité; on enlève tous les matins les pucerons, qui souvent les envahissent vers le milieu de juillet; on arrache les plantes un peu avant la complète maturité des graines, qui achèvent de mûrir sous un hangar, à l'air libre, ou dans un cellier. On enlève les ombelles chargées de graines de carottes et des panais plantés au printemps comme porte-graines, à mesure qu'elles arrivent à maturité.

Le plant de choux et de choux-fleurs préparé par les semis de printemps est mis en place pour la récolte d'arrière-saison, et largement arrosé jusqu'à ce qu'il ait bien pris racine dans sa nouvelle position. On plante à neuf les fraisières en choisissant le plant sur les coulants formés les premiers au commencement de la belle saison, et qui ont dû être conservés pour cet usage. Les melons sont l'objet des mêmes soins que le mois précédent ; les citrouilles sont largement arrosées, pour faire grossir les fruits déjà bien développés ; les cornichons, qui donnent en abondance, sont arrosés tous les jours et récoltés tous les deux jours.

On tord les *fanes* des oignons pour faire grossir les bulbes; on sème de la graine de poireau pour avoir du plant bon à repiquer en automne. Les scaroles et les chicorées frisées sont liées pour les faire blanchir. Le céleri est butté successivement de semaine en semaine pendant tout le mois de juillet, afin qu'il blanchisse successivement. On récolte les bulbes de l'ail et des échalotes, dont les feuilles sont déjà jaunes à la fin de juillet.

Jardin fruitier. Les premiers fruits précoces sont bons à récolter en juillet; il faut les enlever avec assez de précaution pour ne pas endommager ceux qui doivent mûrir plus tard. Les pêchers des espèces hâtives sont dégarnis de feuilles avec prudence, dans le but d'exposer les pêches au contact direct des rayons solaires, qui leur donnent de la couleur. Les grappes de chasselas sont éclaircies au moyen de ciseaux à pointes fines : on retranche en moyenne un grain sur trois; ceux qui restent grossissent promptement de manière à combler les vides; on ne perd rien sur la quantité; la qualité en est sensiblement améliorée. On greffe en écusson les arbres à fruits à noyau vers la fin de juillet.

Parterre. La floraison d'été des plantes d'ornement de pleine terre réclame en juillet les mêmes soins qu'en juin. On continue à combler les vides que laissent les plantes dont la floraison est épuisée, en transplantant successivement dans le parterre celles qu'on a tenues en réserve en pépinière et qui sont prêtes à fleurir. Celles dont la floraison délicate pourrait être plus ou moins altérée par l'eau des arrosages sont mouillées seulement au pied avec un arrosoir dont on a retiré la gerbe. Afin que les massifs de rosiers greffés à haute tige dont la floraison est épuisée ne semblent pas trop nus et trop dégarnis, on transplante au pied de ces rosiers des pétunias et des pélargoniums à fleur rouge, dont les tiges, à mesure qu'elles s'allongent, sont rattachées à celles des rosiers comme à des tuteurs. Ces deux plantes, mises en place au pied des rosiers dans la première semaine de juillet, y fleurissent jusqu'aux premières gelées de la fin de l'automne.

AOUT.

Jardin potager. Quand la température est favorable, on peut encore, pendant la première semaine du mois d'août, semer des haricots flageolets très-précoces, dans le but de récolter les derniers haricots verts de la saison. La grande besogne du mois d'août dans le potager consiste dans les semis de graines de choux, de choux-fleurs et de laitues dont on veut obtenir du plant qui doit passer l'hiver, soit sous châssis, soit sur costière à l'exposition du midi, pour être mis en place au printemps de l'année suivante. Comme on doit toujours s'attendre à perdre une partie de ce plant pendant l'hivernage, il ne faut pas épargner la graine pour les semis du mois d'août.

Le plant de choux-fleurs mis en place le mois précédent a souvent, malgré les arrosages, beaucoup à souffrir des chaleurs violentes du milieu du mois d'août. Dès que ces chaleurs sont passées, on ranime la végétation des plantes en leur donnant avec l'eau des arrosages quelques poignées de guano ou de noir de raffinerie. On laisse pourrir sur place quelques-uns des plus beaux fruits des concombres et des cornichons, afin d'en recueillir la graine parfaitement mûre. On sacrifie également pendant le mois d'août quelques-unes des plus belles tomates, qui finissent par se fendre et laisser tomber à terre les graines mêlées à la pulpe; ces graines sont nettoyées par le lavage à grande eau et séchées à l'ombre.

Quelques-unes des planches laissées libres par l'enlèvement des produits du potager sont ensemencées en épinards pendant la dernière semaine d'août. Les épinards provenant de ces semis ne montent pas; ils donnent des feuilles tendres, bonnes à récolter pendant une partie de l'hiver.

Jardin fruitier. La récolte des fruits d'été se continue pendant tout le mois d'août. Si les chaleurs sèches du milieu de ce mois ne sont pas interrompues par quelques orages, il est urgent de verser au pied des jeunes arbres en espalier un seau d'eau le soir, et de *bassiner* toute la surface des arbres en y faisant tomber une pluie abondante au moyen d'une pompe de jardin munie d'une gerbe d'arrosoir. Il arrive quelquefois que, pendant le mois d'août, le poids des grappes de raisin fait pencher en avant le sarment qui les porte, ce qui les éloigne du mur et retarde leur maturité; dans ce cas, les sarments chargés de grappes doivent être palissés solidement, soit au treillage, soit au mur lui-même, au moyen de liens d'osier rattachés à des clous à crochet.

On peut continuer jusque vers le 15 du mois d'août à greffer en écusson les arbres à fruits à noyau; plus tard, le mouvement de la seconde séve étant arrêté, les greffes ne réussiraient pas.

Parterre. On récolte pendant le mois d'août dans le parterre les graines de la plupart des plantes annuelles d'ornement; la terre est préparée pour recevoir au commencement du mois suivant la plantation des oignons de tulipes et de jacinthes. On sème en pépinière les pensées de choix, dont le plant doit passer l'hiver et fleurir de bonne heure l'année suivante. Les œillets de jardin sont marcottés avec soin, à mesure que leur floraison est épuisée et qu'on a retranché les tiges florales au niveau du sol. On arrose largement soir et matin, et au besoin une troisième fois pendant le jour, les héliotropes, lantanas, fuchsias, pélargoniums, lis lancifoliés et les autres plantes en pots enterrées dans le parterre, qui en font le plus bel ornement pendant le mois d'août.

SEPTEMBRE.

Jardin potager. Il est déjà temps en septembre de s'occuper activement de la conservation des produits du potager qui doivent servir à l'approvisionnement d'hiver. Les carottes sont arrachées et mises à la cave, dans de la terre sèche ou du sable frais, avant que les premiers froids les aient endommagées. On enlève avec la racine, en leur laissant une partie de leurs feuilles, les pieds d'artichaut dont les têtes se sont formées les dernières. Ces plantes sont placées debout, tout près les unes des autres, dans un cellier ou tout autre local à l'abri de la gelée; leurs racines sont recouvertes de terre; ils s'y maintiennent en bon état jusqu'à la fin de l'hiver.

On traite de même une partie de la récolte des choux-fleurs tardifs, dont les pommes ont à peu près leur grosseur normale à la fin de septembre; il faut seulement avoir soin de retrancher les feuilles qui se gâteraient et communiqueraient aux pommes un goût désagréable.

Les tiges des asperges, qu'on a dû laisser monter dès le mois de juin, sont coupées au niveau du sol pendant la seconde quinzaine de septembre; on récolte les baies remplies de graines mûres, qu'on laisse sécher à l'ombre. Elles sont alors mises à macérer dans de l'eau jusqu'à ce qu'en les froissant entre les doigts la graine s'en sépare aisément. Cette graine est lavée, séchée et conservée pour les semis du printemps de l'année suivante.

Les bordures de thym et de lavande sont dédoublées et rajeunies pendant la seconde semaine de septembre.

Jardin fruitier. Les fruits à pepins, spécialement les poires qui ne doivent mûrir que dans le fruitier, pendant l'hiver, arrivent presque tous en septembre au point où ils doivent être cueillis : le seul indice du moment favorable pour cette récolte, c'est la chute naturelle d'une partie des fruits qui ne sont point attaqués des insectes. Les fruits à conserver ne doivent pas être cueillis tous à la fois sur les arbres en pyramide : on récolte ordinairement durant la première quinzaine de septembre les fruits venus aux extrémités des branches; ceux de l'intérieur de l'arbre ne sont bons à cueillir que dix ou quinze jours plus tard.

On enferme dans des sacs de crin ou de papier les grappes de raisin qu'on veut conserver sur les vignes en espalier, après en avoir tordu la queue; elles peuvent y rester en parfait état jusqu'à la chute des feuilles.

Parterre. La floraison d'été est passée; celle d'automne commence. On enlève dès la première quinzaine de septembre les pots contenant les plantes d'orangerie ou de serre froide qui ont contribué pendant tout l'été à la décoration du parterre. On remplit les vides en mettant en place les collections de chrysanthèmes de l'Inde, qui doivent fleurir le mois suivant et rester en fleur jusqu'en décembre.

Les dahlias, principale parure du parterre en septembre, ont pour ennemi le limaçon, fort avide de leurs boutons, qu'il ronge au moment où ils vont s'ouvrir; on les en préserve en entourant, dès les premiers jours de ce mois, le pied des dahlias d'un cercle de coquilles d'huîtres grossièrement pilées : c'est une barrière que le limaçon ne peut franchir.

OCTOBRE.

Jardin potager. Les asperges, dont on a dû en septembre couper les tiges et récolter la graine, reçoivent en octobre une légère façon superficielle donnée avec une fourche à dents de fer; on les recouvre ensuite d'une demi-fumure de fumier long; il n'y a plus à y toucher jusqu'au printemps. Les artichauts, après qu'on a mis à part les pieds à conserver pour l'hiver, sont déchaussés et *œilletonnés* dans la première quinzaine d'octobre. Les œilletons détachés sont plantés tout près les uns des autres, sous châssis froid; ils y passent l'hiver, et donnent du plant enraciné bon à mettre en place au printemps. Si l'on croit avoir à redouter un hiver un peu rude, on œilletonne seulement une partie des artichauts en octobre; les autres ne subissent cette opération qu'au printemps : de quelque manière que l'hiver se comporte, on est assuré de ne pas manquer de plant d'artichaut. Après les avoir œilletonnés en totalité ou en partie, en ayant soin de laisser à chaque pied ses deux meilleurs yeux pour la récolte de l'année suivante, les artichauts sont buttés et l'on dépose d'avance entre les lignes la litière et les feuilles qui serviront à les couvrir à l'approche des premiers froids.

Si les beaux jours se prolongent en octobre, ce qui n'est pas rare sous le climat de Paris, on entoure dès le 15 de ce mois les planches de fraisier d'un fort bourrelet de paille tordue entrelacée dans des piquets saillants d'un décimètre hors de terre. Sur cet entourage, on pose chaque soir une couverture de paillassons qu'on enlève pendant le jour. De cette manière, la récolte des fraises des Alpes des quatre saisons est prolongée pendant tout le mois d'octobre, et si le beau temps se soutient, jusque pendant le mois suivant, même quand il gèle blanc toutes les nuits.

Jardin fruitier. Les poires et pommes d'espèces tardives ne sont récoltées qu'en octobre, successivement et non pas toutes à la fois. Lorsqu'on a beaucoup d'arbres à planter et que la végétation s'arrête de bonne heure, ce qui se reconnaît à la chute des feuilles, on peut commencer les plantations dès la dernière semaine d'octobre. Les jeunes arbres de semis de l'année sont à la même époque repiqués en pépinière, à des distances suffisantes pour qu'ils y puissent rester jusqu'à ce qu'ils soient bons à être greffés.

Parterre. Les dahlias fleurissent durant tout le mois d'octobre et sont, comme en septembre, le principal ornement du parterre. S'il survient des gelées précoces qui les surprennent en fleur et auxquelles ils ne résistent pas, on doit, sans attendre la fin d'octobre, couper les tiges au niveau du sol et arracher les tubercules, qu'on transporte dans le cellier, où ils doivent passer l'hiver à l'abri de l'humidité et de la gelée. On enlève, à mesure que le froid les détruit, les balsamines, les reines-marguerites et les tagètes, dont quelques pieds ont tenu bon jusqu'en octobre. On donne de solides tuteurs aux touffes de chrysanthèmes, qui, avec les dernières roses du Bengale et le réséda, décorent seuls le parterre jusqu'à l'arrivée des gelées sérieuses.

NOVEMBRE.

Jardin potager. Le potager commence à prendre en novembre sa tenue d'hiver ; les carrés consacrés aux légumes annuels sont vides, et l'on peut se mettre à y enfouir la fumure par un labour à la bêche donné avec beaucoup de soin. La principale attention du jardinier se reporte dès lors, dans le potager, sur les cultures forcées. Il force les asperges sur couche, sous châssis, et les laitues gotte et crêpe, à l'étouffée. Néanmoins, vers la fin du mois, il peut encore semer à l'air libre, à l'exposition du plein midi, des pois Michaux hâtifs de Hollande et des pois Prince-Albert : c'est ce que les jardiniers nomment faire les pois de la Sainte-Catherine (25 novembre). Ces pois résistent à l'hiver quand il n'est pas trop rigoureux, et fleurissent de très-bonne heure au printemps de l'année suivante. Il ne reste plus à récolter dans le potager que des mâches, des épinards et de l'oseille. Cette dernière plante, ainsi que le persil, indispensable dans la cuisine française, continue à végéter lentement, en donnant des feuilles fraîches à cueillir toutes les semaines pendant tout l'hiver, pourvu qu'on ait soin de la couvrir de paille, qu'on retire quand il ne gèle pas.

Jardin fruitier. La taille des arbres à fruits à pepins peut être commencée en novembre, dès que ces arbres sont entièrement dépouillés de leurs feuilles. Il ne faut tailler ni quand il pleut ni quand le temps est à la gelée. On plante vers le milieu de novembre les arbres à fruits d'espèces précoces, et l'on prépare d'avance les trous pour recevoir les arbres qui ne doivent être plantés qu'au printemps. La terre extraite des trous, surtout quand elle est plutôt forte que légère, s'améliore sensiblement en restant au contact de l'air depuis le mois de novembre jusqu'à la fin de la mauvaise saison.

Parterre. Bien qu'il n'y reste plus que quelques fleurs, le parterre en tenue d'hiver offre encore quelque attrait sous les rayons du pâle soleil de novembre; on a eu soin d'y planter à profusion les chrysanthèmes de Chine et de l'Inde le mois précédent. Les espèces les plus délicates y figurent, non pas en pleine terre, mais dans des pots enterrés dans les plates-bandes; on les déterre pour que ces jolies plantes aux mille nuances achèvent de fleurir dans l'orangerie, la serre froide ou l'appartement, quand la gelée devient un peu sévère ou que le sol se couvre de la première neige.

DÉCEMBRE.

Jardin potager. On continue en décembre les travaux et les cultures du mois précédent. On renouvelle sur couche sous châssis les semis de haricots et de pois forcés : on transplante sous cloche ou sous châssis les laitues cultivées à l'étouffée; on sème tous les huit ou dix jours, sur couche tiède, des radis roses, blancs et nankins. Le plant de choux-fleurs, soit sur costière, soit sous châssis, exige des soins assidus en cas de gelée et de neiges abondantes : s'il n'est pas couvert et découvert à propos, selon l'état de la température, il *fond*, comme disent les jardiniers, et l'on en voit à peine la trace sur le terrain où il a existé.

Les artichauts veulent aussi être couverts et découverts autant de fois que la température passe du froid au tiède; ils exigent plus de soins pendant les hivers humides et doux que pendant les hivers rudes, mais secs, où il est facile de les empêcher de geler, tandis que sous l'influence d'une humidité froide longtemps prolongée il est très-difficile de les empêcher de pourrir.

Jardin fruitier. La taille des arbres fruitiers est en pleine activité, ainsi que les plantations, tant qu'il ne gèle pas. S'il survient quelques jours de temps supportable, il en faut profiter pour *receper* ou rabattre sur le tronc ou les branches principales les vieux arbres qu'on se propose de rajeunir au printemps par la greffe en couronne.

Les arbustes à fruits comestibles, groseilliers à grappes et épineux, framboisiers à fruit rouge et à fruit blanc, dont la séve se met en mouvement de très-bonne heure au printemps, ne doivent pas être plantés plus tard que la fin de décembre. Si ces arbustes, dont le sommeil végétal n'est jamais aussi complet que celui des arbres, sont plantés un peu trop tard, on perd une récolte, tandis que leur fructification n'est pas interrompue lorsqu'ils ont été plantés en décembre en temps opportun.

Parterre. On multiplie en décembre, dans le parterre, les touffes d'ellébore et de perce-neige, les seules plantes qui donnent des fleurs en cette saison. Dans les endroits bien abrités, on plante des tussilages-vanille, et l'on met en place les saxifrages à fleur rose, à feuilles épaisses, dont la verdure résiste à l'hiver, en attendant qu'elles montrent leurs jolies grappes de fleurs dès les premiers beaux jours du printemps.

La taille des rosiers, opération importante de laquelle dépend la plus riche partie de la décoration du parterre en été, se fait très-bien dans le courant de décembre, tant qu'il ne gèle pas.

FIN.

TABLE DES CHAPITRES.

TABLE ANALYTIQUE.

D.

E.

F.

G.

H.

On trouve à la même librairie :

Leçons élémentaires d'Agriculture, rédigées d'après les programmes officiels de l'enseignement primaire pour l'usage des écoles normales primaires, des écoles primaires supérieures et des écoles professionnelles, par M. A. Ysabeau, agronome : nouvelle édition; 1 vol. in-12.

Cours de Législation usuelle et d'Économie industrielle et rurale, rédigé d'après le programme officiel pour l'usage des cours d'enseignement secondaire spécial et d'enseignement primaire supérieur, par M. A. Ysabeau; 1 vol. in-12.

Leçons primaires d'Arpentage, comprenant la pratique de l'arpentage, le nivellement, la géodésie, le lever et le lavis des plans, par M. Gillet-Damitte, ancien instituteur : deuxième édition; 1 vol. in-12, publié en trois parties, avec figures.

Cours d'Études commerciales, comprenant les principes de l'Arithmétique commerciale et de la Tenue des livres, par M. Th. Bertrand, professeur de comptabilité à Paris; 3 vol. in-12, avec cahiers de registres.

Première Partie, Cours d'Arithmétique commerciale, présentant toutes les opérations pratiques usitées dans le commerce, avec des exercices et problèmes spéciaux, un tableau des monnaies étrangères, etc., par M. Th. Bertrand; 1 vol. in-12, avec gravures.

Deuxième Partie, Cours de Tenue des livres en partie double et en partie simple, présentant les principes raisonnés de la comptabilité commerciale, la pratique ou la comptabilité simulée d'une maison de commerce, la comptabilité agricole, la législation commerciale, etc., par M. Th. Bertrand : troisième édition; ouvrage approuvé pour les écoles publiques; 1 vol. in-12.

Troisième Partie, Correspondance commerciale, Recueil de modèles de lettres de commerce, présentant des lettres se rapportant aux principaux actes des affaires commerciales, etc., par M. Th. Bertrand; in-12.

Quatrième Partie, Registres pratiques de Tenue des livres et Feuilles de comptabilité, destinés à être mis entre les mains des élèves et à servir d'application au Cours de Tenue des livres, par M. Th. Bertrand; petit in-folio.